thema mathe matik

Lösungen

Clemens Brand
Anita Dorfmayr
Josef Lechner
August Mistlbacher
Alfred Nussbaumer

8

Bearbeitet von Heidemarie Schuster,
Arthur G. P. Schuster und Lucas Kletzander
unter Mitarbeit von Claudia Sendner

VERITAS
Gemeinsam besser lernen

Mit Bescheid des Bundesministeriums für Unterricht, Kunst und Kultur vom 22. Jänner 2013, BMUKK-5.050/0016-B/8/2012, als für den Unterrichtsgebrauch an allgemein bildenden höheren Schulen für die 8. Klasse im Unterrichtsgegenstand Mathematik geeignet erklärt (Anhang).

Schulbuchnummer: **160.506**

1. Auflage (2013)
Gedruckt in Österreich auf umweltfreundlich hergestelltem Papier

Lektorat: Veronika Weidenholzer
Herstellung, Umschlaggestaltung und Layout: Agnes Weitzhofer
Umschlagfotos: DigitalVision
Bildredaktion: Alexandra Rittberger
Satz und Konstruktionen: Arthur G. P. Schuster, Heidemarie Schuster, Lucas Kletzander

ISBN 978-3-7058-8376-5

1. Integralrechnung

1 Im Buch ausgeführt.

2 **a)** $6 < A < 11$

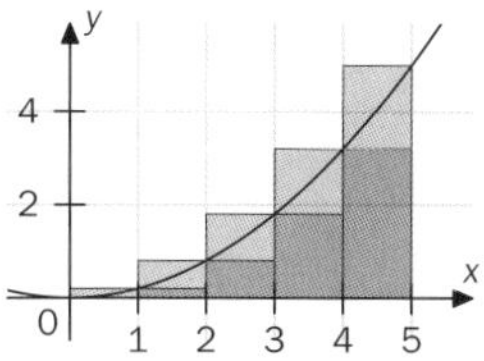

b) $14 < A < 19$

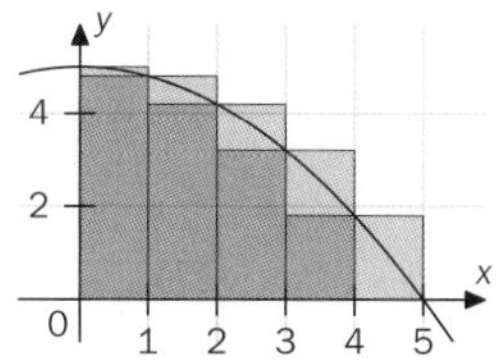

c) $55{,}6 < A < 65{,}6$

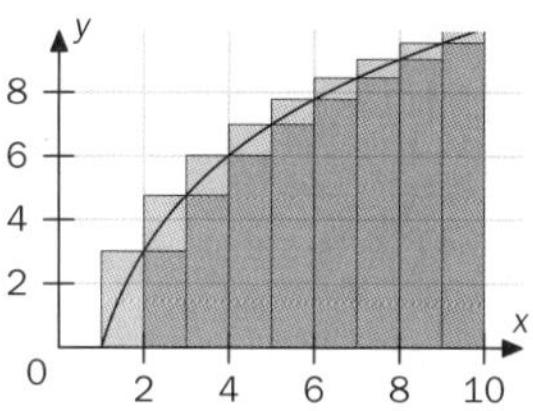

d) $48{,}92 < A < 57{,}92$

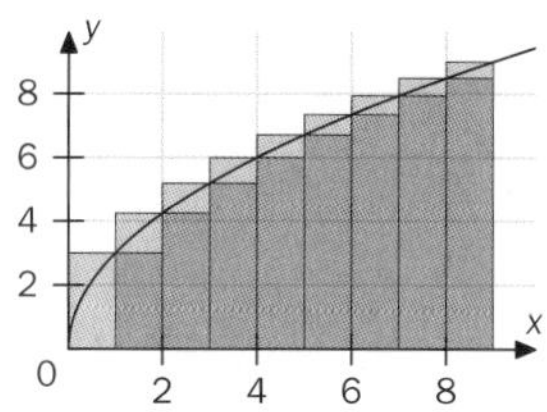

3 **a)** $15 < A < 27$ **b)** $16{,}8 < A < 24{,}8$
c) $18{,}8 < A < 22{,}8$

4 **a)** $\frac{14}{25} < A < \frac{19}{25}$

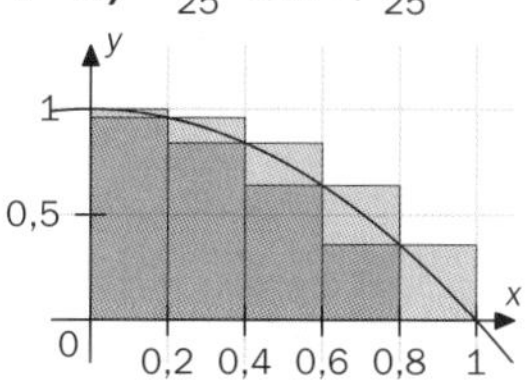

b) $0{,}55 < A < 0{,}75$

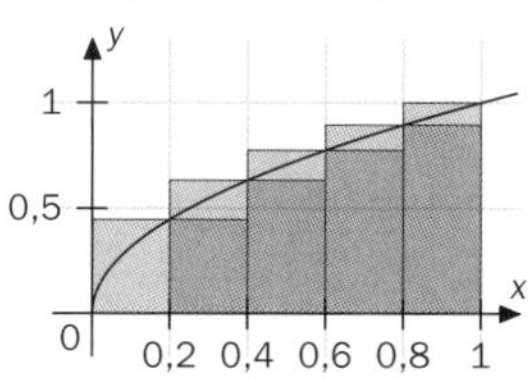

c) $1{,}22 < A < 1{,}59$

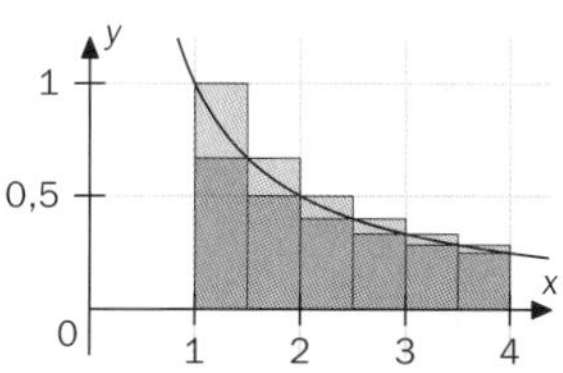

d) $4{,}92 < A < 8{,}12$

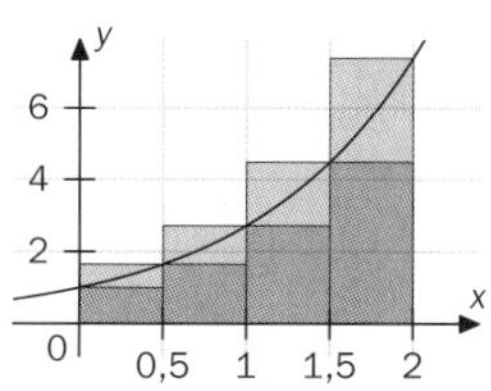

5 $\underset{U_2}{4{,}69} < \underset{U_3}{6} < \underset{U_6}{7{,}69} < \underset{O_6}{12{,}19} < \underset{O_3}{15} < \underset{O_2}{18{,}19}$

6 $\underset{U_2}{0{,}32} < \underset{U_3}{0{,}99} < \underset{U_6}{1{,}25} < \underset{O_6}{2{,}15} < \underset{O_3}{2{,}56} < \underset{O_2}{3}$

7 Für $\Delta x = \frac{b-a}{n}$ gilt:

$U_n = \sum_{k=1}^{n} \Delta x \cdot f(a + k \cdot \Delta x)$ und

$O_n = \sum_{k=1}^{n} \Delta x \cdot f(a + (k-1) \cdot \Delta x)$

8 Der Grenzwert ist $A = \frac{1}{3}$.

n	U_n	O_n
10	0,285000	0,385000
20	0,308750	0,358750
50	0,323400	0,343400
100	0,328350	0,338350
200	0,330838	0,335837
500	0,332334	0,334334

9 Im Buch ausgeführt.

10 Im Buch ausgeführt.

11 **a)** $2\frac{17}{60} \approx 2{,}283$ **b)** 25

12 **a)** $\sum_{k=1}^{8} 2^k$ **b)** $\sum_{k=1}^{20} (2k-1)$

13 **a)** $R_4 = 36$

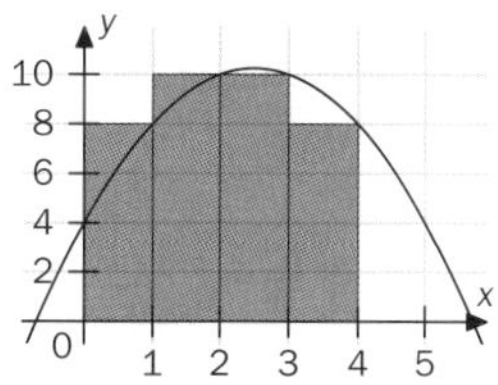

b) $R_5 = 32{,}5$

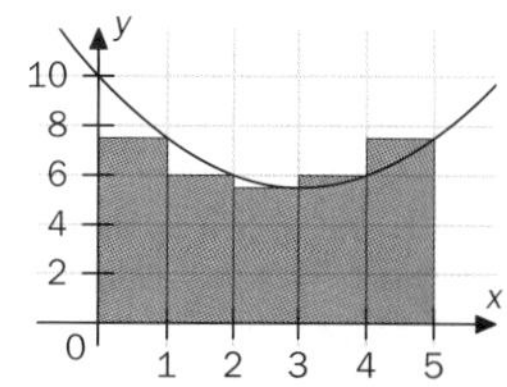

c) $R_4 = 13$

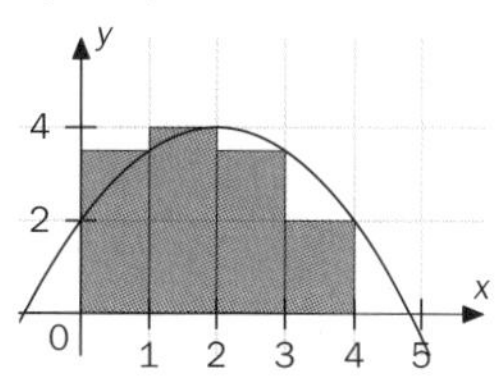

14 **a)** $L_4 = 24$

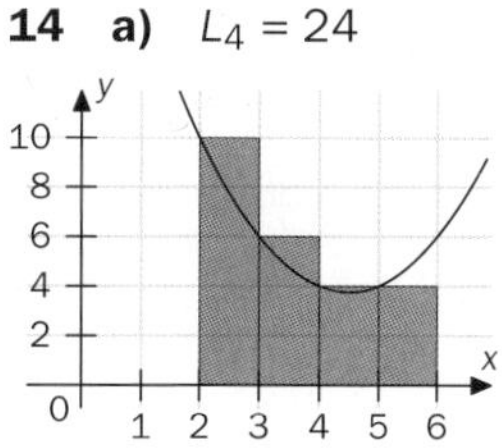

b) $L_5 = 44$

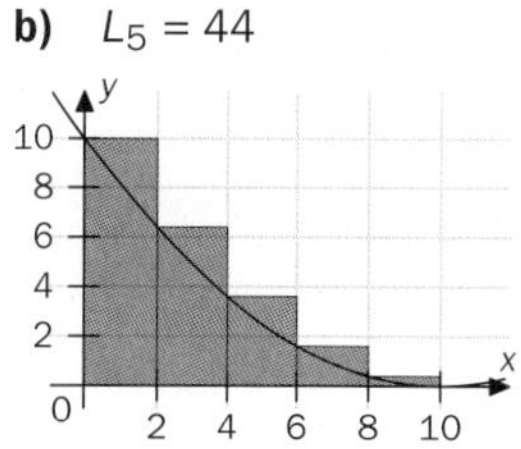

c) $L_4 = 11{,}16$

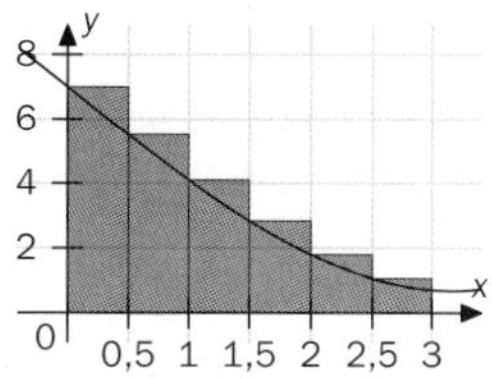

15 **a)** $L_4 = 24$,
$R_4 = 20$
Rechtssumme besser weil ausgewogener

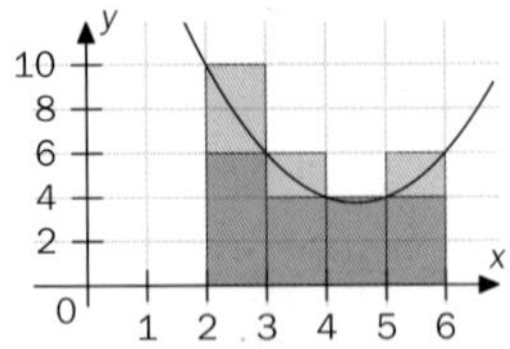

b) $L_4 = 1{,}13$,
$R_4 = 0{,}64$
gleich gute Näherung

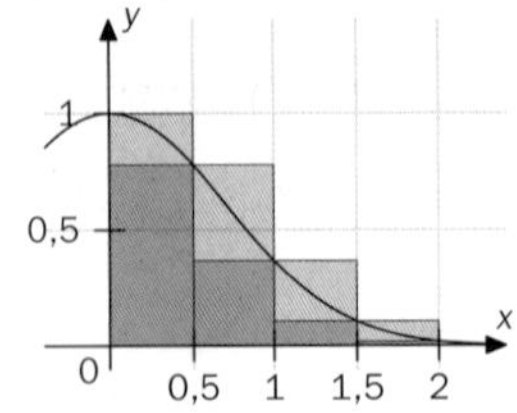

c) $L_6 = 1{,}13$, $R_6 = 0{,}86$
gleich gute Näherung

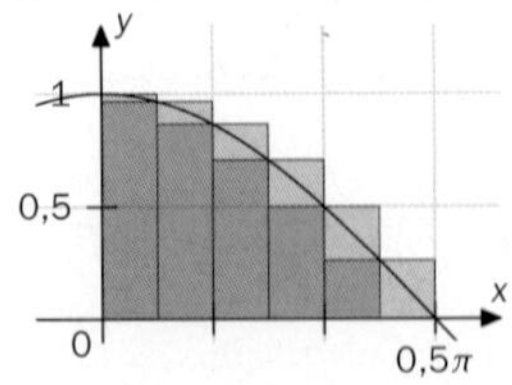

16 **a)** $L_5 = 55$ **b)** $R_5 = 30$ **c)** $M_5 = 41{,}25$
Die Produktsumme von c) ergibt die beste Näherung, da sie die Funktion an den Mittelpunkten auswertet.

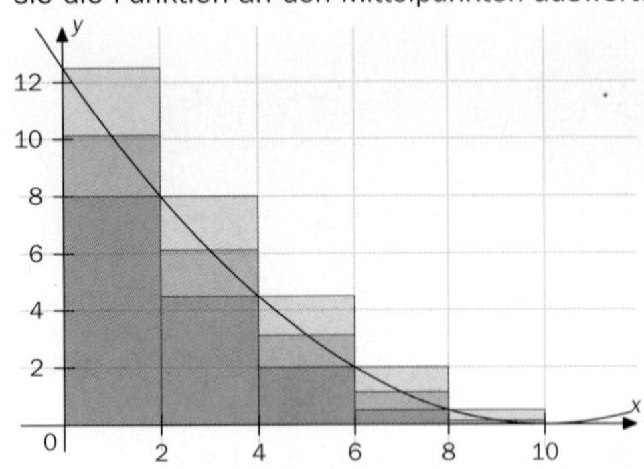

17 $L_{10} = 4{,}75$, $L_{25} = 4{,}95$, $L_{50} = 5{,}01$,
$R_{10} = 5{,}37$, $R_{25} = 5{,}20$, $R_{50} = 5{,}14$

18 $L_{25} = 44{,}20$, $R_{25} = 39{,}20$, $M_{25} = 41{,}65$,
$L_{50} = 42{,}93$, $R_{50} = 40{,}43$, $M_{50} = 41{,}66$

19 $L_2 = 4$, $L_4 = 1{,}5$, $L_{10} = -0{,}16$,
$R_2 = -8$, $R_4 = -4{,}5$, $R_{10} = -2{,}56$
Hinweis: Die Funktion f nimmt im Intervall $]3;4]$ negative Werte an.

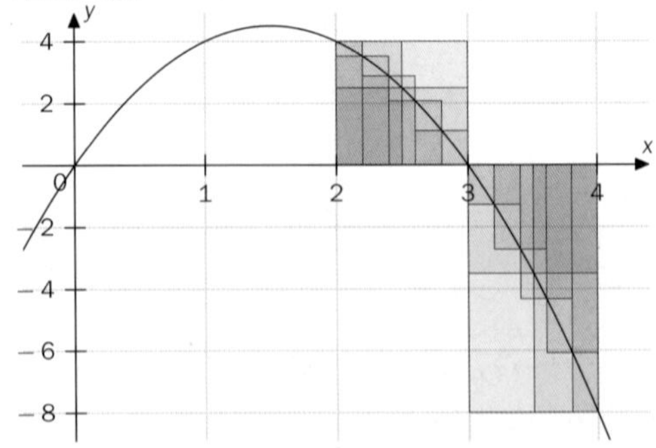

20 $L_4 = R_4 = 18$, $U_4 = 11{,}94$, $O_4 = 24{,}88$
Hinweis: Die Funktion f ist nicht monoton, für Unter- und Obersumme sind die Extremwerte zu bestimmen.

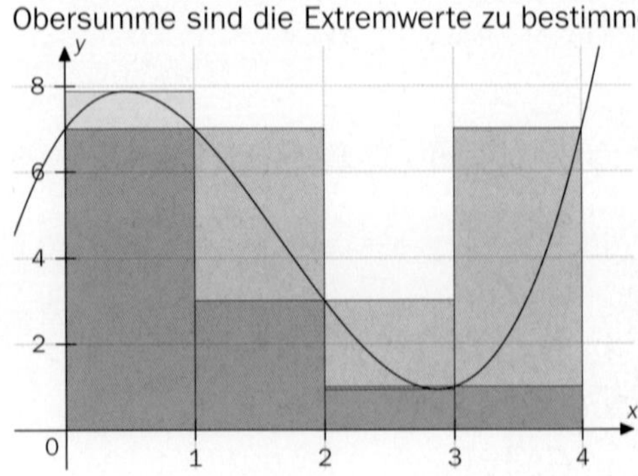

21 Im Buch ausgeführt.

22 60 m

23 60 m

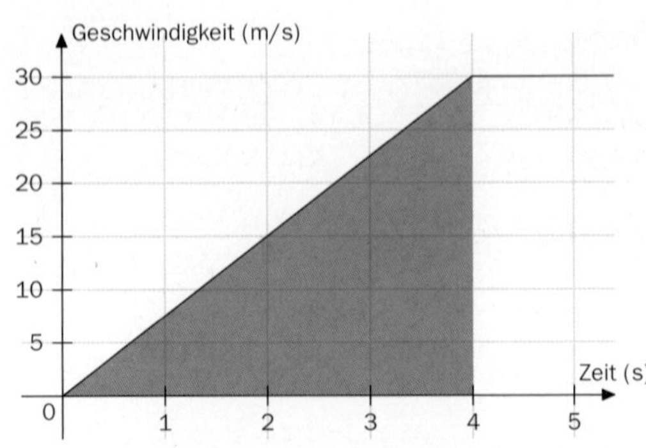

24 **a)** $L_5 = 140$, $R_5 = 190$
b) $L_{10} = 155$, $R_{10} = 180$

25 **a)** $L_4 = 19{,}53$, $L_8 = 18{,}16$ **b)** $R_4 = 13{,}28$, $R_8 = 15{,}04$

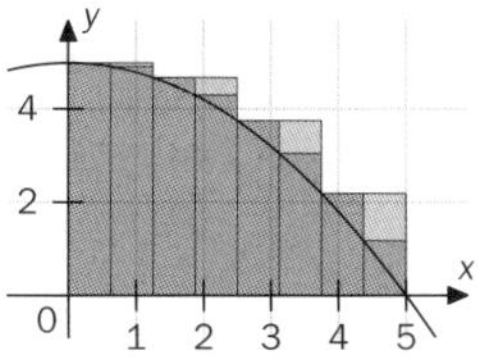
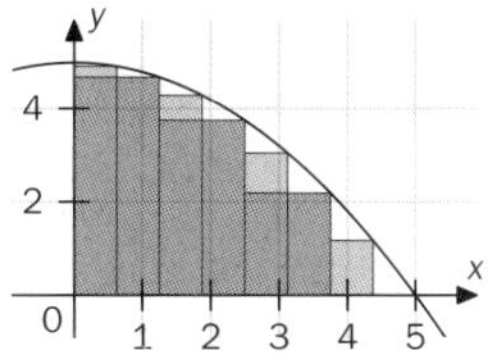

26 $L_5 = 60\,300$ m, $R_5 = 60\,900$ m

27 **a)** 20 m **b)** 45 m **c)** 80 m **d)** $5\,t^2$ m

28 **a)** $L_4 = 55{,}72$, $R_4 = 88{,}92$
b) $L_8 = 64{,}3$, $R_8 = 80{,}9$
c) 80 m ist innerhalb der Grenzen, also ist der Luftwiderstand innerhalb der ersten 4 s vernachlässigbar.

29 **a)** $L_{40} = 71{,}02$, $R_{40} = 74{,}34$
b) $L_{80} = 71{,}86$, $R_{80} = 73{,}52$

30 **a)** 10 s
b)

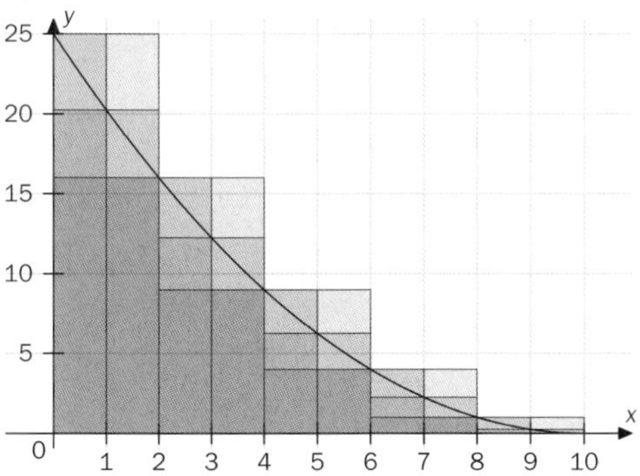

c) $L_5 = 110$, $R_5 = 60$,
$L_{10} = 96{,}25$, $R_{10} = 71{,}25$

31 $L_{20} = 89{,}69$, $L_{50} = 85{,}85$, $L_{100} = 84{,}59$
$R_{20} = 77{,}19$, $R_{50} = 80{,}85$, $R_{100} = 82{,}09$

32 Im Buch ausgeführt.

33 **a)** $W = 4{,}14 \cdot 10^9$ J **b)** $W = 4{,}26 \cdot 10^9$ J

34 **a)** $W = 1{,}92 \cdot 10^9$ J **b)** $W = 2{,}07 \cdot 10^9$ J

35 **a)** $W = 2{,}22 \cdot 10^9$ J **b)** $W = 2{,}24 \cdot 10^9$ J

36 **a)** $3{,}8 \cdot 10^8$ m³ **b)** $2{,}4 \cdot 10^8$ m³

37 65 mm

38 14,4 mJ $< W <$ 40,4 mJ

39 **a)** $W = 0{,}4$ J **b)** $W = 1{,}6$ J **c)** $W = 3{,}6$ J
d) $W(x) = 250\,x^2$ J

40 $W(x) = \frac{k \cdot x^2}{2}$

41 Im Buch ausgeführt.

42 Im Buch ausgeführt.

43 **a)** $\int_1^2 x\,dx = \frac{3}{2}$ **b)** $\int_0^2 (2 - x)\,dx = 2$

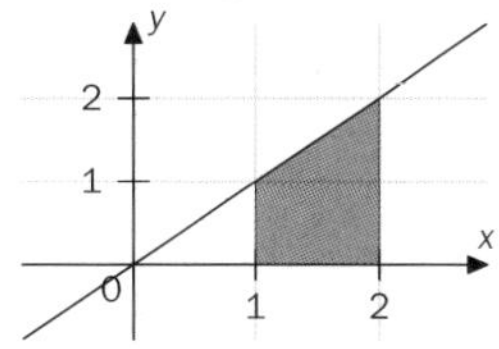
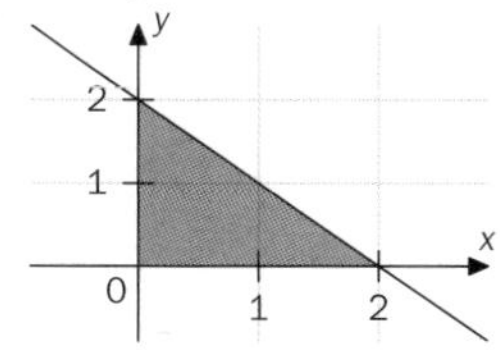

c) $\int_8^{12} (3x - 5)\,dx = 100$ **d)** $\int_{-3}^{1} (4 - 3x)\,dx = 28$

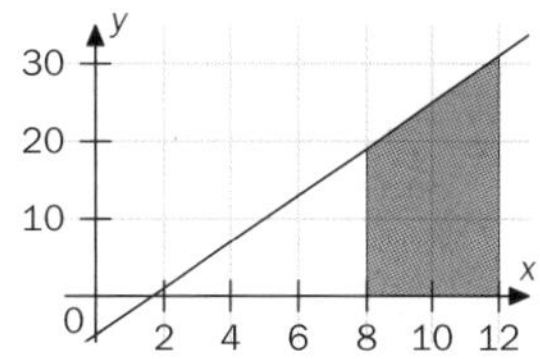
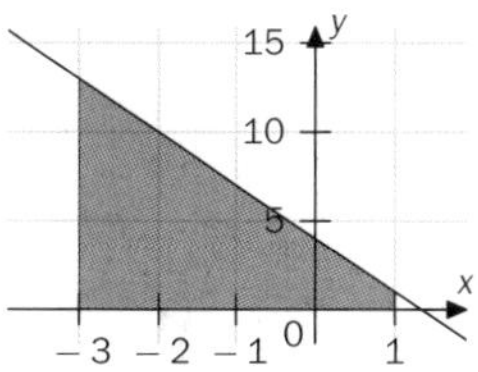

44 **a)** 1 **b)** $\frac{3}{2}$ **c)** $1 + \frac{\pi}{4}$ **d)** $\frac{6 + \pi}{4}$

45 **a)** $A = \frac{1}{2}$

$O_n = \frac{1}{n}\left(\frac{1}{n} + \frac{2}{n} + \ldots + \frac{n}{n}\right) = \frac{1}{2} + \frac{1}{2n} \quad \Rightarrow$

$\int_0^1 x\,dx = \lim\limits_{n \to \infty} O_n = \lim\limits_{n \to \infty}\left(\frac{1}{2} + \frac{1}{2n}\right) = \frac{1}{2} \quad \checkmark$

b) $A = \frac{1}{2}$

$O_n = \frac{1}{n}\left(1 - \frac{1}{n} + 1 - \frac{2}{n} + \ldots + 1 - \frac{n}{n}\right) = \frac{1}{2} + \frac{1}{2n} \quad \Rightarrow$

$\int_0^1 (1 - x)\,dx = \lim\limits_{n \to \infty} O_n = \lim\limits_{n \to \infty}\left(\frac{1}{2} + \frac{1}{2n}\right) = \frac{1}{2} \quad \checkmark$

c) $A = 1$

$O_n = \frac{1}{n}\left(2 \cdot \frac{1}{n} + 2 \cdot \frac{2}{n} + \ldots + 2 \cdot \frac{n}{n}\right) = 1 + \frac{1}{n} \quad \Rightarrow$

$\int_0^1 2x\,dx = \lim\limits_{n \to \infty} O_n = \lim\limits_{n \to \infty}\left(1 + \frac{1}{n}\right) = 1 \quad \checkmark$

46 **a)** $O_n = \frac{2}{3} - \frac{1}{2n} - \frac{1}{6n^2} \quad \Rightarrow \quad \int_0^1 (1 - x^2)\,dx = \frac{2}{3}$

b) $O_n = \frac{11}{12} - \frac{1}{8n} - \frac{1}{24n^2} \quad \Rightarrow \quad \int_0^1 (1 - 0{,}25\,x^2)\,dx = \frac{11}{12}$

47 siehe 46

48 $1^2 + 2^2 + \ldots + n^2 = \sum\limits_{k=1}^{n} k^2$

$1 + 2 + \ldots + n = \sum\limits_{k=1}^{n} k$

49 Im Buch ausgeführt.

50 **a)** 1 **b)** 0 **c)** 4 **d)** 9

51 **a)** 3 **b)** 8 **c)** 4 **d)** 3

52 **a)** π **b)** 2π **c)** 0 **d)** $-\pi$

53 **a)** π **b)** 2 **c)** 0 **d)** $\frac{3}{2}+\pi$

54 **a)** $\frac{3}{2}$

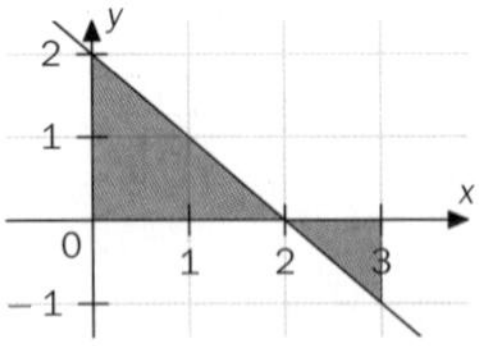

b) 6

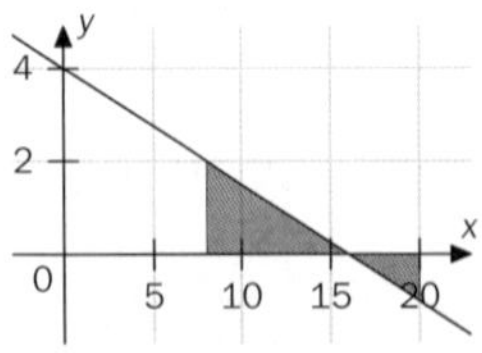

c) 12,5

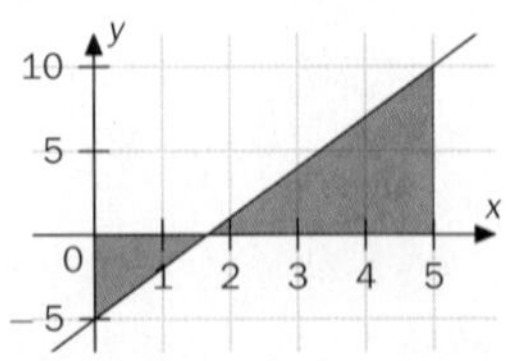

d) −3

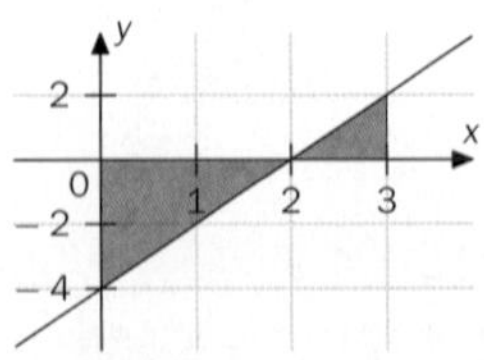

55 —

56 Es handelt sich um *Bernhard Riemann* und *Henri Lebesgue*. Henris Integral ist tatsächlich allgemeiner.

a)

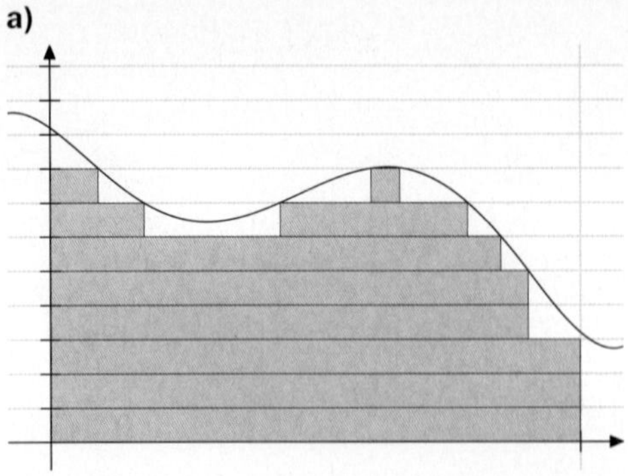

b)

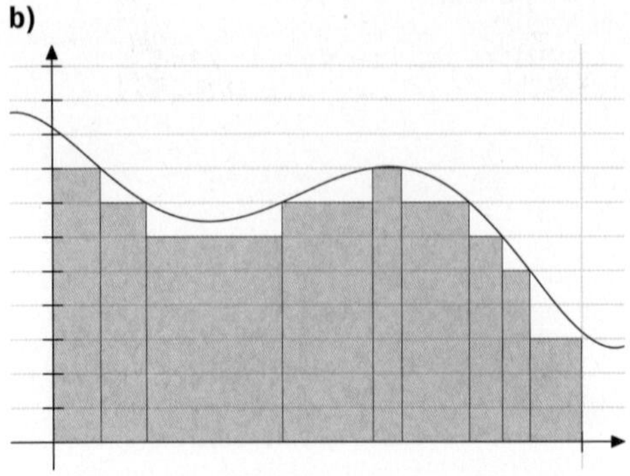

57 Im Buch ausgeführt.

58 **a)** $F(x) = \frac{x^2}{2}$

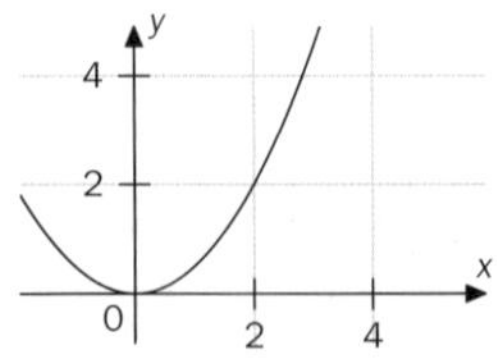

b) $F(x) = \frac{(x-2)^2}{2}$

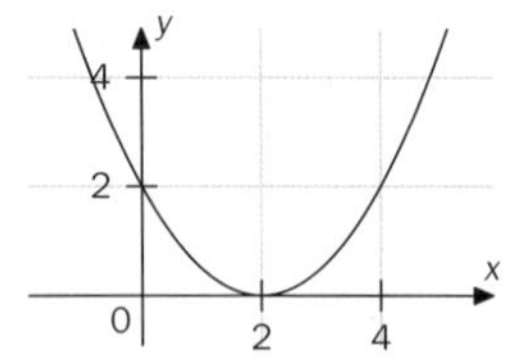

c) $F(x) = 2x + \frac{x^2}{4}$

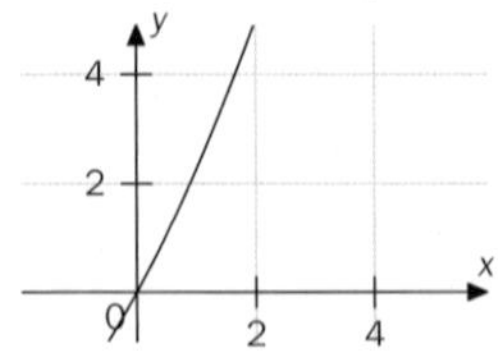

d) $F(x) = \frac{x^2}{4} - x + 1$

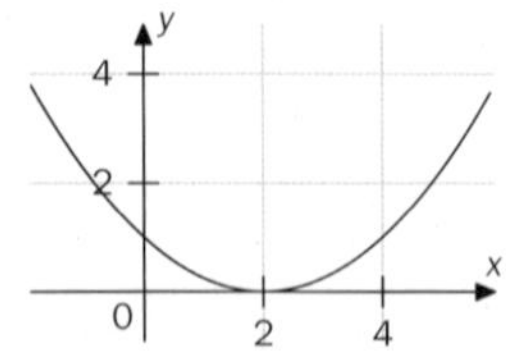

59 **a)** $F(x) = -\frac{(x-2)^2}{2}$

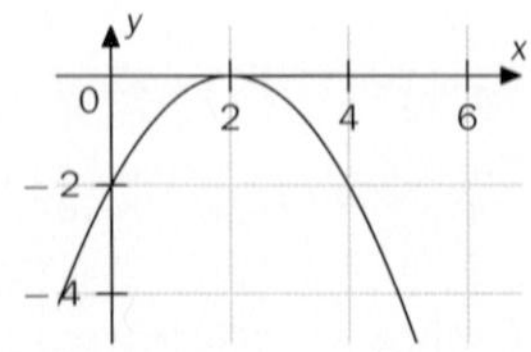

b) $F(x) = -\frac{(x-4)^2}{8}$

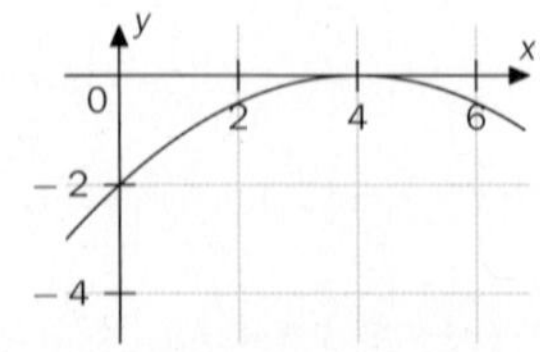

c) $F(x) = \frac{3x^2}{4} - 5x + 8$

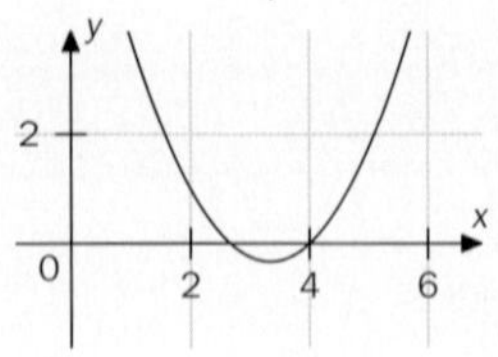

d) $F(x) = \frac{3x^2}{4} - 4x + 4$

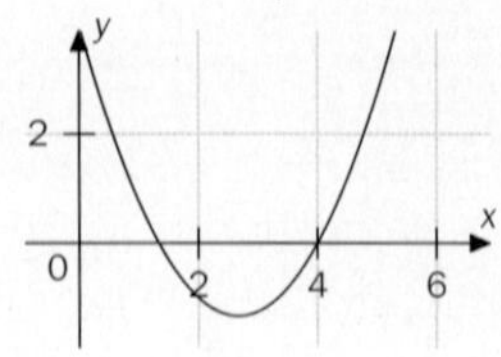

60 **a)** $F(x) = \frac{x^2}{2} - 2x - 6$ **b)** $F(x) = \frac{x^2}{2} - x - 4$
c) $F(x) = -\frac{x^2}{2} + 2x + 6$ **d)** $F(x) = -\frac{x^2}{2} + x + 4$

61 **a)** $F(x) = \frac{x^3}{3}$ **b)** $F(x) = \frac{x^3}{3} + x$
c) $F(x) = \frac{x^3}{3} + \frac{x^2}{2}$ **d)** $F(x) = \frac{x^3}{3} + \frac{x^2}{2} + x$

62 Die Integrale unterscheiden sich nur durch eine Konstante.
$a = 0$: $F(x) = \frac{x^2}{4}$ $a = 1$: $F(x) = \frac{x^2}{4} - \frac{1}{4}$
$a = 2$: $F(x) = \frac{x^2}{4} - 1$

63 —

64 —

65 *Hinweis:* Die Variable x wird doppelt verwendet.

66
$$\begin{aligned} f_{\max}\cdot\Delta x \le\ &\Delta F \le f_{\min}\cdot\Delta x\\ f_{\max} \le\ &\frac{\Delta F}{\Delta x} \le f_{\min}\\ \downarrow\quad &\ \downarrow\quad\ \ \downarrow\ (\Delta x \to 0)\\ f(x) \le\ &F'(x) \le f(x) \qquad \Rightarrow \frac{dF}{dx} = F'(x)\end{aligned}$$

67 Im Buch ausgeführt.

68 Im Buch ausgeführt.

69 Im Buch ausgeführt.

70 Im Buch ausgeführt.

71 **a)** ☐ ☒ ☒ **b)** ☒ ☒ ☐ **c)** ☐ ☐ ☒
d) ☒ ☐ ☒

72 **a)** $F(x) = x^3 + x^2 + C$

b) $F(x) = 2x^3 - 2x^2 + C$

c) $F(x) = \frac{x^3}{3} + x^2 - 10x + C$

d) $F(x) = \frac{x^3}{3} - x^2 - 4x + C$

73 **a)** $F(x) = \frac{4x^3}{3} + \frac{x^2}{2} - 10x + C$

b) $F(x) = \frac{x^3}{6} + \frac{7x^2}{2} - \frac{x}{4} + C$

c) $F(x) = \frac{x^3}{3} - \frac{3x^2}{2} + 2x + C$

d) $F(x) = \frac{x^3}{12} - \frac{3x^2}{2} + \frac{2x}{5} + C$

74 **a)** $F(x) = \frac{3x^4}{2} - \frac{4x^3}{3} + 2x^2 + C$

b) $F(x) = -2x^4 + \frac{5x^3}{3} - 3x^2 + C$

c) $F(x) = \frac{2x^4}{5} + \frac{x^3}{4} - \frac{2x^2}{3} + C$

d) $F(x) = \frac{x^4}{3} - \frac{x^3}{2} + \frac{x^2}{5} + C$

75

f(x)	x^4	x^5	x^6	x^7	x^8	x^9	…
F(x)	$\frac{x^5}{5}$	$\frac{x^6}{6}$	$\frac{x^7}{7}$	$\frac{x^8}{8}$	$\frac{x^9}{9}$	$\frac{x^{10}}{10}$	…

76 **a)**

f(x)	x^{-2}	x^{-3}	x^{-4}	x^{-5}	x^{-6}	x^{-7}	…
F(x)	$-x^{-1}$	$\frac{x^{-2}}{-2}$	$\frac{x^{-3}}{-3}$	$\frac{x^{-4}}{-4}$	$\frac{x^{-5}}{-5}$	$\frac{x^{-6}}{-6}$	…

b) *Hinweis:* Division durch null!

77 **a)** $F(x) = e^x + C$ **b)** $F(x) = -\cos x + C$
c) $F(x) = \ln x + C$ **d)** $F(x) = \sin x + C$

78 **a)** $\left(F(x) + G(x)\right)' = F'(x) + G'(x) = f(x) + g(x)$

b) $\left(c \cdot F(x)\right)' = c \cdot F'(x) = c \cdot f(x)$

c) $\left(\frac{x^{n+1}}{n+1}\right)' = \frac{(n+1)\,x^{(n+1)-1}}{n+1} = x^n$

79 Im Buch ausgeführt.

80 Im Buch ausgeführt.

81 Im Buch ausgeführt.

82 **a)** $\int_1^8 x\,dx = 31{,}5$

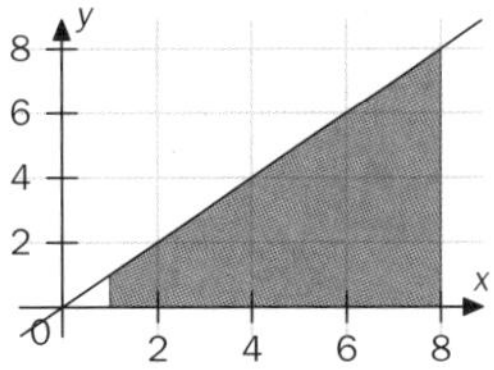

b) $\int_0^8 (8 - x)\,dx = 32$

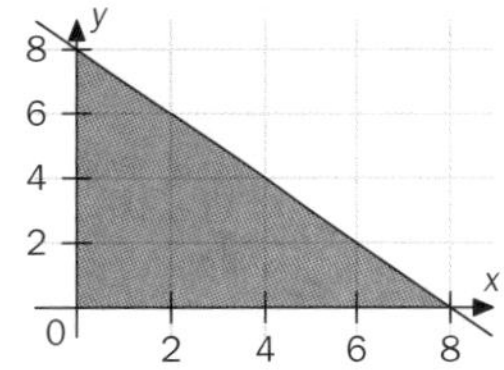

c) $\int_2^5 (3x - 5)\,dx = 16{,}5$

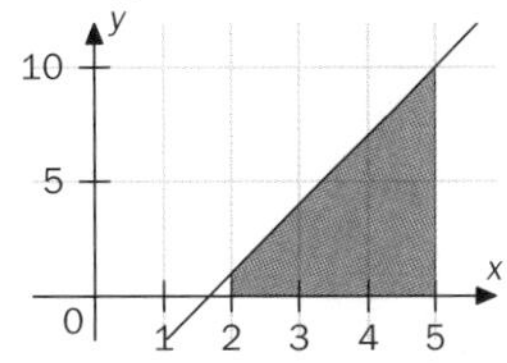

d) $\int_1^3 (4x - 3)\,dx = 10$

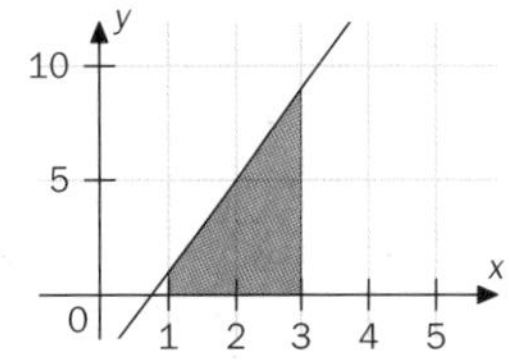

83 **a)** $A = -\frac{4}{3}$

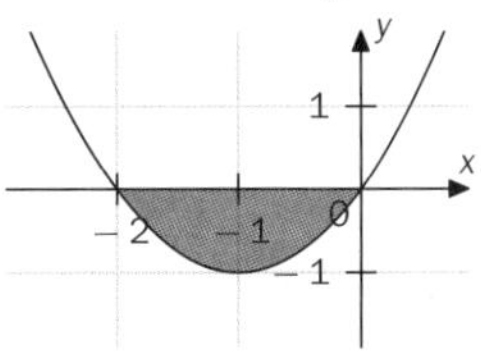

b) $A = 13{,}5$

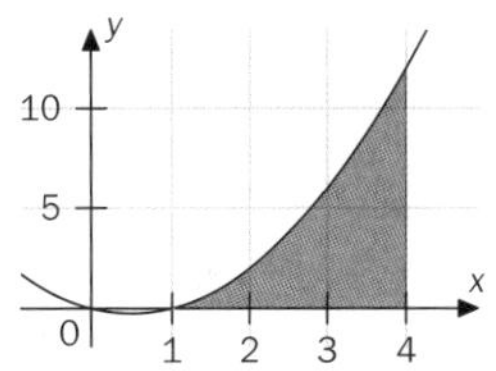

c) $A = 5$

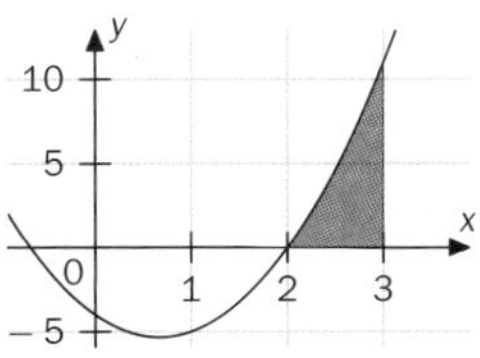

d) $A = 11\frac{2}{3}$

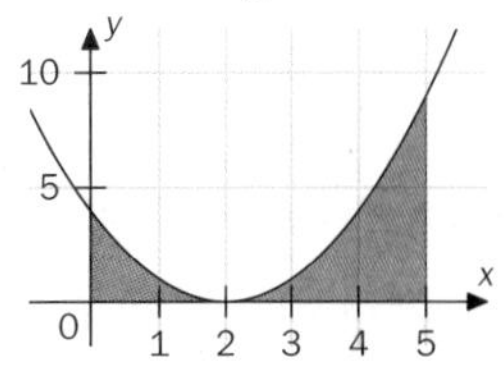

84 **a)** $A = 9$

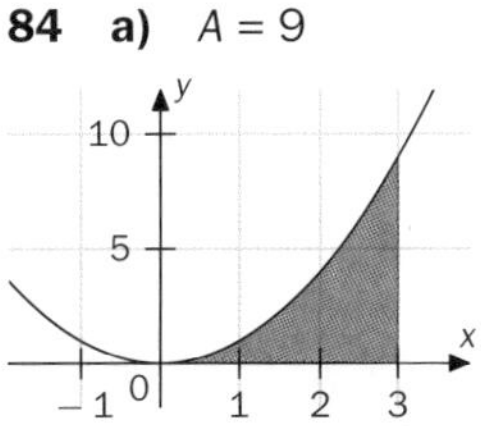

b) $A = 10\frac{2}{3}$

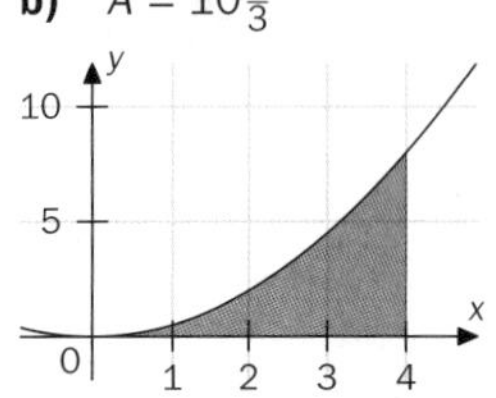

c) $A = 10\frac{2}{3}$

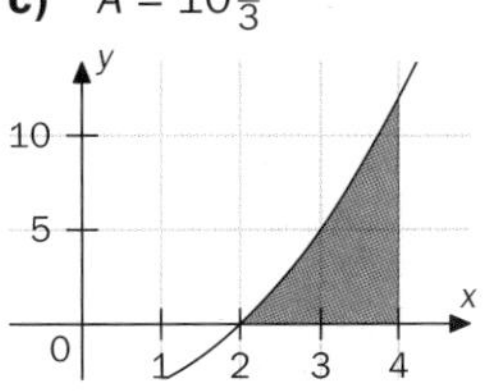

d) $A = 13{,}5$

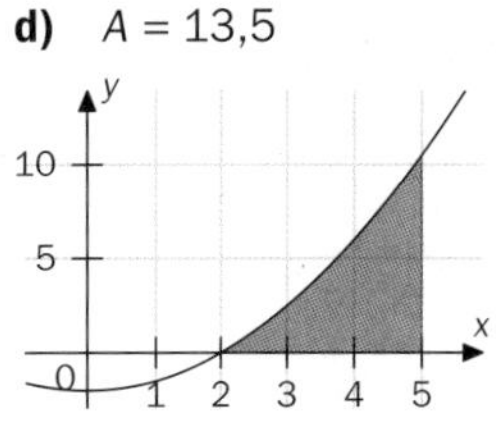

85 **a)** $A = 12$ **b)** $A = -12$

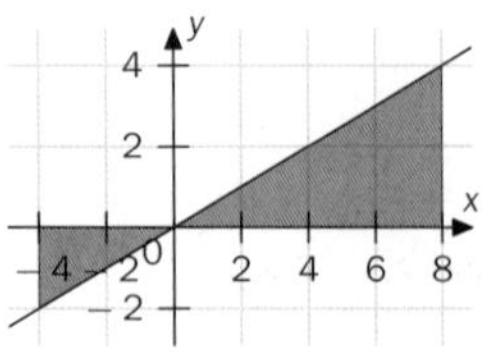

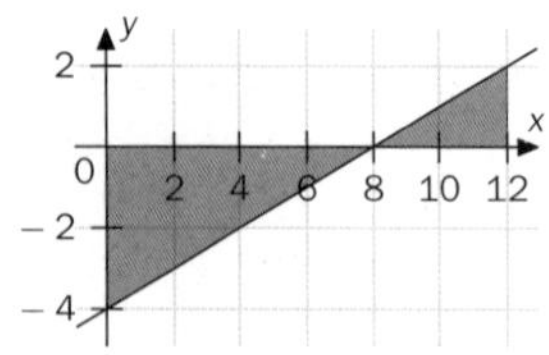

c) $A = 10$ **d)** $A = -30$

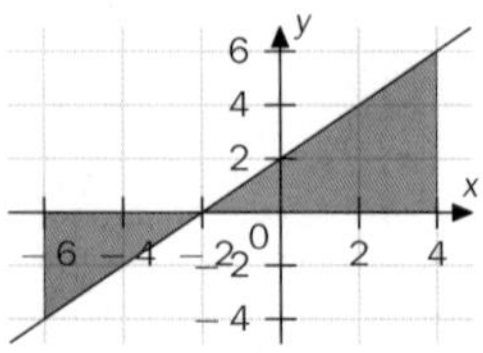

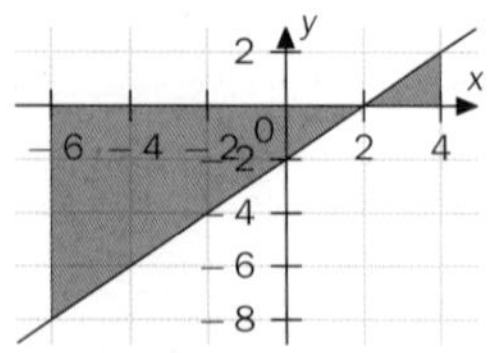

86 **a)** $A = 650$ **b)** $A = 48$ **c)** $A = 8$
d) $A = 276$

87 **a)** $\int_0^3 e^x\,dx = e^3 - 1$ **b)** $\int_1^2 \frac{1}{x}\,dx = \ln(2)$
c) $\int_0^{\frac{\pi}{2}} \cos x\,dx = \sin\left(\frac{\pi}{2}\right) = 1$

88 —

89 $A = \frac{r^2\pi}{4}$

90 $\int_0^5 (-0{,}2\,t^2 + 5)\,dt = 16{,}67\text{ m}$

91 Im Buch ausgeführt.

92 Im Buch ausgeführt.

93 **a)** $-\frac{1}{x} + C$ **b)** $\frac{1}{2}e^{2x} + C$ **c)** $-\frac{1}{2x^2} + C$
d) $\frac{3\sqrt[3]{x^4}}{4} + C$

94 **a)**
$A = 2e - 2 \approx 3{,}44$

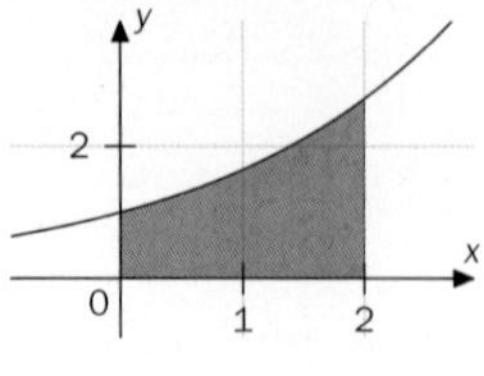

b)
$A = -2\left(\frac{1}{e^2} - \frac{1}{e}\right) \approx 0{,}47$

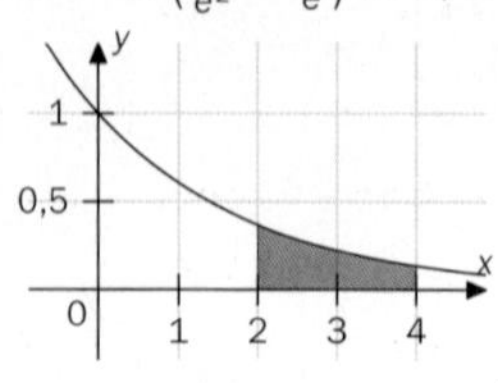

c) $A = \ln 3 \approx 1{,}10$

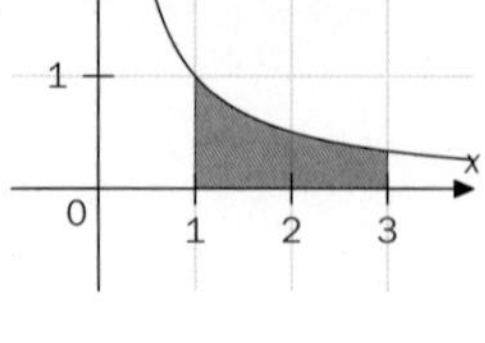

d) $A = 1$

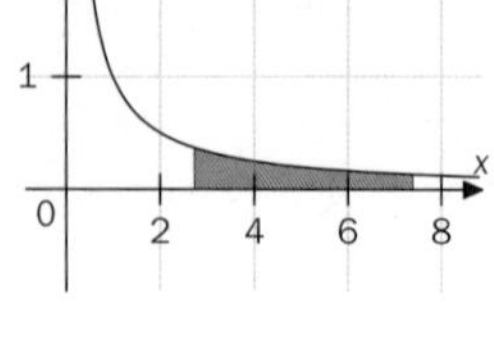

95 **a)** $A = 2$ **b)** $A = 1$

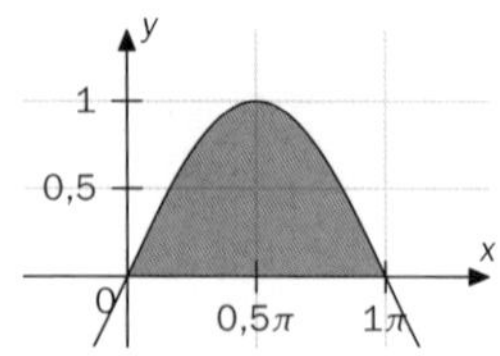

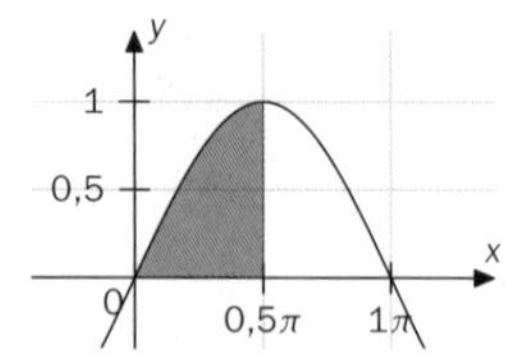

c) $A = 0$ **d)** $A = 2$

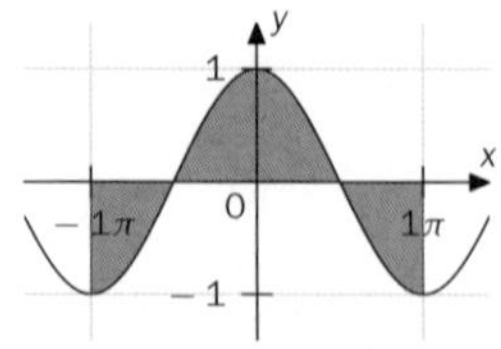

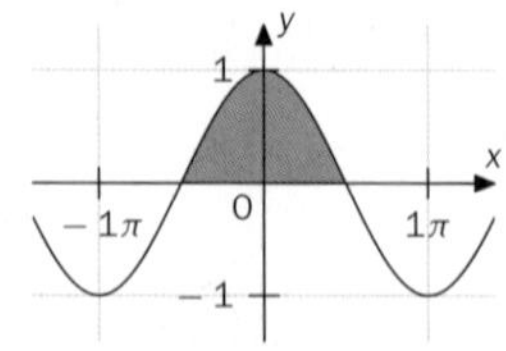

96 **a)** $A = \frac{3}{4}$ **b)** $A = \frac{15}{8}$

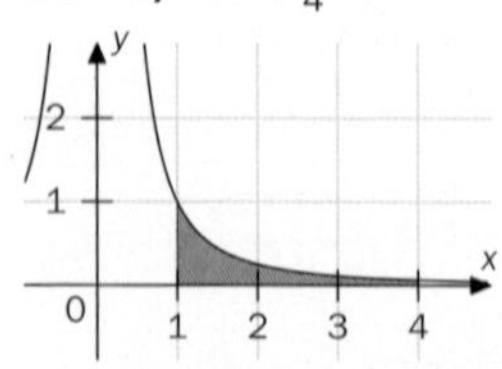

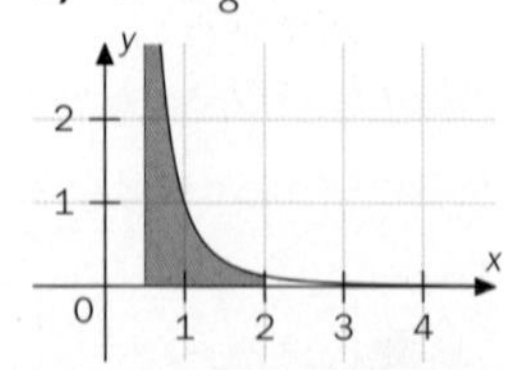

c) $A = 5\frac{1}{3}$ **d)** $A = 12\frac{2}{3}$

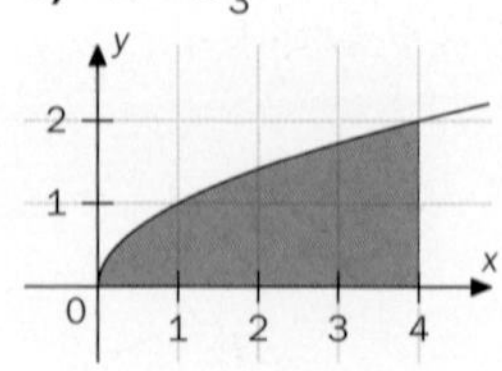

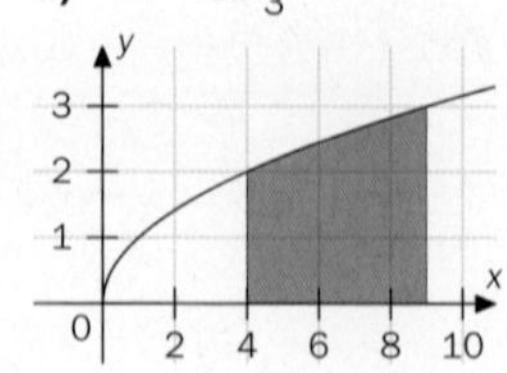

97 **a)** $\approx 7{,}25$ **b)** $\approx 0{,}42$ **c)** $\approx 4{,}44$
d) $\approx 2{,}19$

98 **a)** 2 **b)** $\approx 3{,}03$ **c)** $\frac{3}{4}$ **d)** $\approx 6{,}11$

99 —

100 *Hinweis:* Was passiert bei $x = 0$?

101 $\int_a^b c \cdot f(x)\,dx = \lim_{\Delta x \to 0} \sum_{i=1}^{n} \left(c \cdot f(x_i)\right)\Delta x =$

$= c \cdot \lim_{\Delta x \to 0} \sum_{i=1}^{n} f(x_i)\,\Delta x = c \cdot \int_a^b f(x)\,dx$ ✓

102 $\int_a^b f(x)\,dx + \int_b^a f(x)\,dx \overset{(3)}{=} \int_a^a f(x)\,dx \overset{(4)}{=} 0$

$\Rightarrow \int_a^b f(x)\,dx = -\int_b^a f(x)\,dx$ ✓

103 Im Buch ausgeführt.

104 Im Buch ausgeführt.

105 Im Buch ausgeführt.

106 **a)** $M_3 = 70$; $M_6 = 71{,}5$
b) $M_3 = 49{,}78$; $M_6 = 51{,}34$
c) $M_3 = 1{,}13$; $M_6 = 1{,}10$
d) $M_3 = 4{,}46$; $M_6 = 4{,}43$

107 **a)** $T_2 = 24$; $T_4 = 22$
b) $T_2 = 191{,}30$; $T_4 = 157{,}64$
c) $T_2 = 1{,}03$; $T_4 = 1{,}07$
d) $T_2 = 3{,}35$; $T_4 = 3{,}36$

108 **a)** $M_4 = 1{,}52$, $T_4 = 1{,}48$

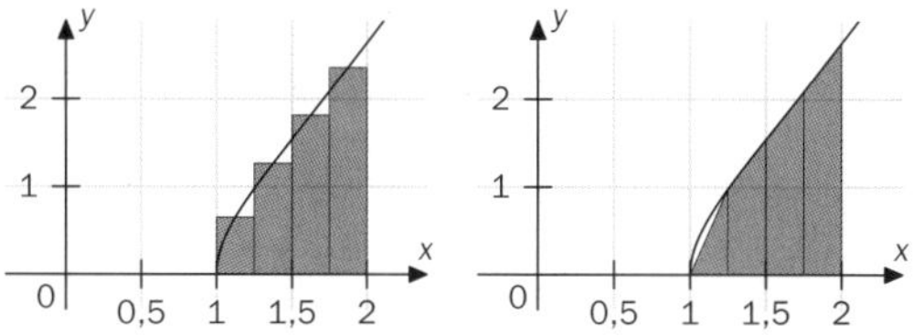

b) $M_8 = 0{,}747$, $T_8 = 0{,}746$

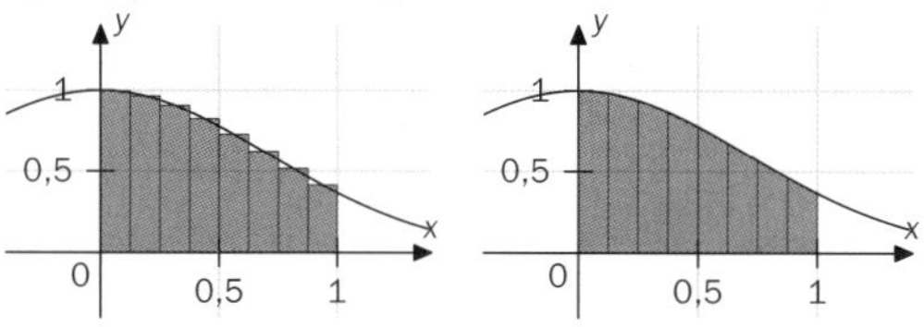

c) $M_5 = 0{,}5458$, $T_5 = 0{,}5462$

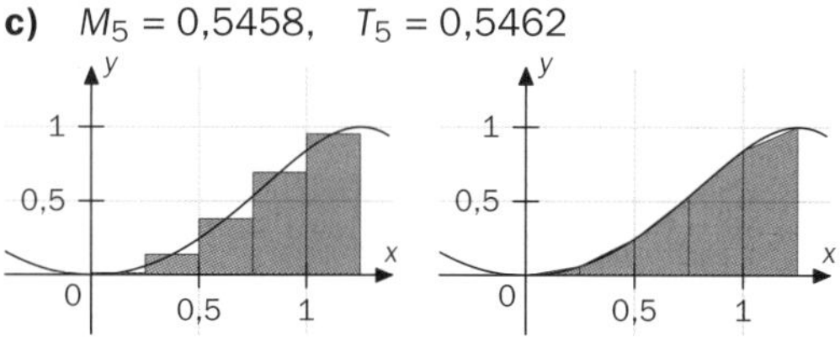

109 $A = 21{,}72$, $M_5 = 21{,}48$, $T_5 = 22{,}19$

110 **a)** $A = 72$,
$T_3 = 76$ (Fehler: 4), $T_6 = 73$ (Fehler: 1)
b) $A = 4{,}67077$,
$T_2 = 4{,}76768$ (Fehler: 0,09691),
$T_4 = 4{,}69508$ (Fehler: 0,02431)

111 $n \approx 327$; die Fehlerabschätzung E_T ist hier sehr pessimistisch. Tatsächlich reicht bereits $n = 114$.

112 —

113 —

114 Im Buch ausgeführt.

115 Im Buch ausgeführt.

116 $\int\limits_0^1 \frac{x}{\sqrt{x^2+1}}\,dx = \int 1\,du = \sqrt{x^2+1}\Big|_0^1 = \sqrt{2} - 1$

117 **a)** $\frac{16}{3}$ **b)** 25,6 **c)** $\frac{9}{10}$ **d)** $\frac{12}{133}$

118 **a)** $18 - 2\sqrt{3} \approx 14{,}54$ **b)** $\frac{1}{2}$
c) $\sqrt{2} - 1 \approx 0{,}41$ **d)** 12

119 **a)** 0 **b)** $2\ln(2) \approx 1{,}39$ **c)** $\approx 1{,}63$
d) $\approx 0{,}47$

120 **a)** $\frac{1}{3}\sqrt{(x^2-1)^3} + C$ **b)** $\frac{1}{3}\ln(2 + x^3) + C$
c) $\frac{1}{5}\sin(5x + 1) + C$ **d)** $\frac{1}{2}e^{x^2} + C$

121 **a)** $-\frac{1}{2}\cos(2x - 4) + C$ **b)** $-\frac{1}{5}\sin(3 - 5x) + C$
c) $\frac{1}{4}(\sin x)^4 + C$ **d)** $-\frac{1}{5}(\cos x)^5 + C$

122 **a)** $\frac{1}{3}\sqrt{(x^2+4)^3} + C$ **b)** $\frac{1}{3}\ln(x^3 + 2) + C$
c) $\frac{1}{9}\sqrt{(2x^3-1)^3} + C$ **d)** $\frac{1}{2}\ln(x^2 + 2x) + C$

123 **a)** $-\frac{\sqrt{1-x^2}}{x}$ **b)** $\frac{\sqrt{x^2-1}}{x}$

124 $\frac{r^2\pi}{4}$

125 Im Buch ausgeführt.

126 Im Buch ausgeführt.

127 Im Buch ausgeführt.

128 Im Buch ausgeführt.

129 **a)** $-x\cos x + \sin x + C$ **b)** $(x - 1)e^x + C$
c) $\frac{x^2}{2}\left(\ln x - \frac{1}{2}\right) + C$ **d)** $\frac{x^3}{3}\left(\ln x - \frac{1}{3}\right) + C$
e) $\left(\frac{x}{2} - \frac{1}{4}\right)e^{2x} + C$ **f)** $\left(\frac{x}{3} - \frac{1}{9}\right)e^{3x} + C$

130 **a)** $x(\ln x)^2 - 2x\ln x + 2x + C$
b) $x(\ln x)^3 - 3x(\ln x)^2 + 6x\ln x - 6x + C$
c) $x(\ln x)^4 - 4x(\ln x)^3 + 12x(\ln x)^2 - 24x\ln x + 24x + C$
d) $x(\ln x)^5 - 5x(\ln x)^4 + 20x(\ln x)^3 - 60x(\ln x)^2 + 120x\ln x - 120x + C$

131 **a)** $(x^2 - 2x + 2)e^x + C$
b) $x^2\sin x + 2x\cos x - 2\sin x + C$
c) $-(x^2 + 2x + 2)e^{-x} + C$
d) $\frac{x^2}{2}\sin(2x) + \frac{x}{2}\cos(2x) - \frac{1}{4}\sin(2x) + C$

132 **a)** $\frac{1}{2}(\sin x\cos x + x) + C$
b) $\frac{1}{2}e^x(\cos x + \sin x) + C$
c) $\frac{1}{2}e^x(\sin x - \cos x) + C$
d) $\frac{1}{5}e^{2x}(2\cos x + \sin x) + C$

133 $\frac{1}{2}x(\sin x)^2 + \frac{1}{4}\sin x\cos x - \frac{1}{4}x + C$

134 **a)** 1 **b)** 4,28 **c)** $-\frac{1}{2}$ **d)** $e - 2 \approx 0{,}72$

135 **a)** *Hinweis:* wähle $g = (\ln x)^n$, $f' = 1$

b) *Hinweis:* wähle $g = x^n$, $f' = e^x$

c) *Hinweis:* wähle $g = x^n$, $f' = \sin x$

d) *Hinweis:* wähle $g = x^n$, $f' = \cos x$

136 —

137 Im Buch ausgeführt.

138 Im Buch ausgeführt.

139 Im Buch ausgeführt.

140 Im Buch ausgeführt.

141 **a)** 1 **b)** $\frac{5}{2}$ **c)** 1 **d)** $\frac{1}{2}$

142 **a)** $\frac{1}{2}$ **b)** $\frac{1}{4}$ **c)** $\frac{1}{3}$ **d)** $\frac{2}{27} \approx 0{,}07$

143 **a)** 2 **b)** 3

144 **a)** -1 **b)** $\infty \Rightarrow$ existiert nicht

145 **a)** $\infty \Rightarrow$ existiert nicht

b) $\infty \Rightarrow$ existiert nicht

146 5000 A

147 Das Buch definiert nur einseitig unendliche Integrale. Integrale müssen sich immer in Summen von Integralen über Teilbereiche aufspalten lassen. Daher muss man das zweiseitig unendliche Integral als Summe zweier einseitiger Integrale schreiben. Die einseitig unendlichen Integrale existieren aber nicht, daher ist auch das zweiseitig unendliche Integral nicht sinnvoll berechenbar.

148 **a)** $20{,}1 < A < 23{,}9$ **b)** $20{,}9 < A < 22{,}8$

149 **a)** $R_6 = 14$ **b)** $L_6 = 9$ **c)** $M_3 = 12$

150 $U_4 = 10{,}2 < A = 12{,}8 < O_4 = 15$

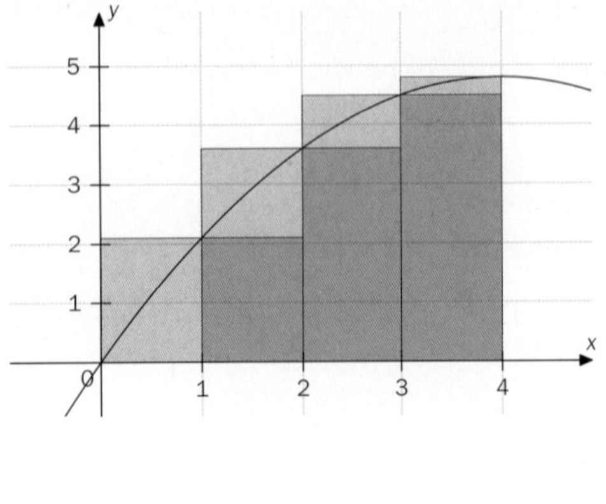

151 $U_4 = 4{,}71 < A = 7 < O_4 = 9{,}65$

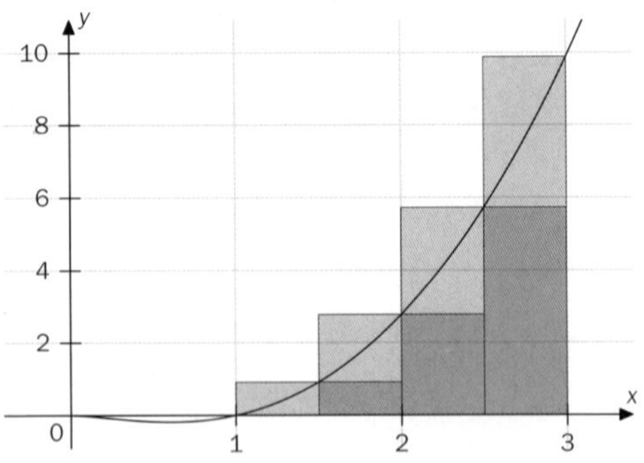

152 **a)**

$$\underset{U_2}{29{,}56} < \underset{U_8}{115{,}83} < \int_0^4 x \cdot e^x \, dx < \underset{O_8}{225{,}03} < \underset{O_2}{466{,}34}$$

b) $A = 164{,}79$

153 **a)** $\underset{U_2}{73{,}17} < \underset{U_{10}}{99{,}51} < A < \underset{O_{10}}{113{,}27} < \underset{O_2}{141{,}96}$

b) $A = 106{,}34$

154 **a)** $U_2 \approx 3{,}5$, $O_2 \approx 23$

b) $U_4 \approx 5$, $O_4 \approx 15{,}5$

155 **a)** $U_2 = 0{,}35$, $O_2 = 0{,}85$

b) $U_5 = 0{,}53$, $O_5 = 0{,}73$

c) $U_{10} = 0{,}585$, $O_{10} = 0{,}685$

156

n	U_n	O_n
10	0,585455	0,685455
20	0,611438	0,661438
50	0,626714	0,646714
100	0,631753	0,641753
500	0,635765	0,637765

Hinweis: Bei den nächsten beiden Beispielen kann man auf Grund der gegebenen Daten annehmen, dass die Geschwindigeit streng monoton zunimmt und somit Links- und Rechtssummen untere bzw. obere Schranken für die Wegstrecke liefern.

157 $L_4 = 67$ km, $R_4 = 78$ km

158 $L_6 = 7{,}17$ km, $R_6 = 7{,}83$ km

159 $L_8 = 10{,}8$ kWh, $R_8 = 11{,}1$ kWh,

$E = \int_0^{24} P(t) \, dt$

160 34 kWh $< E <$ 36 kWh

161 $33{,}6\,\text{kWh} < E = \int_0^8 P(t)\,dt < 34{,}6\,\text{kWh}$

162 $V = \int_0^6 q(t)\,dt$ ist der ursprüngliche Inhalt des Behälters; $13\,\text{l} < V < 22\,\text{l}$

163 **a)** $2x^3 + C$ **b)** $-\frac{9x^4}{4} - \frac{4x^3}{3} - 3x^2 - 8x + C$
c) $-x^3 - 4x^2 - x + C$ **d)** $-\frac{7x^4}{4} - \frac{4x^3}{3} + \frac{x^2}{2} - x + C$
e) $x^4 - 4x^2 + 7x + C$

164 **a)** 64 **b)** $20\frac{1}{4}$

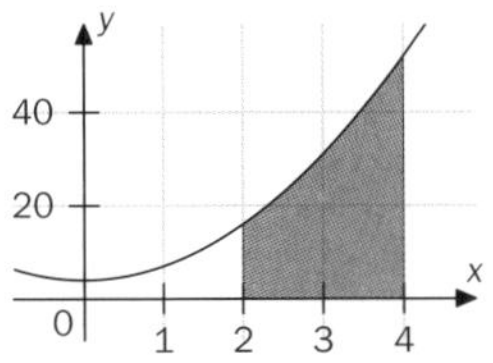

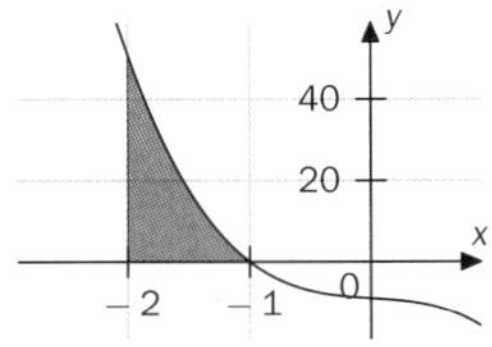

c) 36 **d)** 16

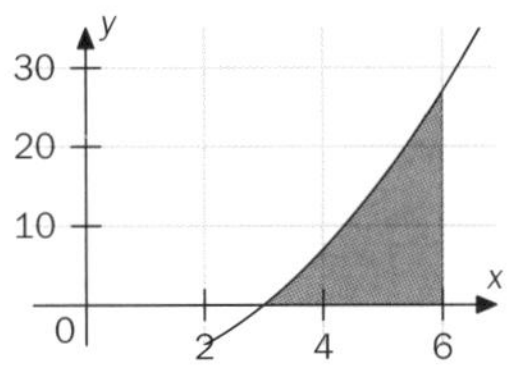

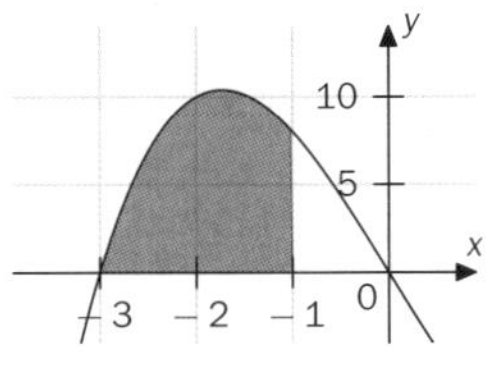

165 *Hinweis:* zeige jeweils $F'(x) = f(x)$

166 **a)** Der PKW bleibt nach 5 s stehen.

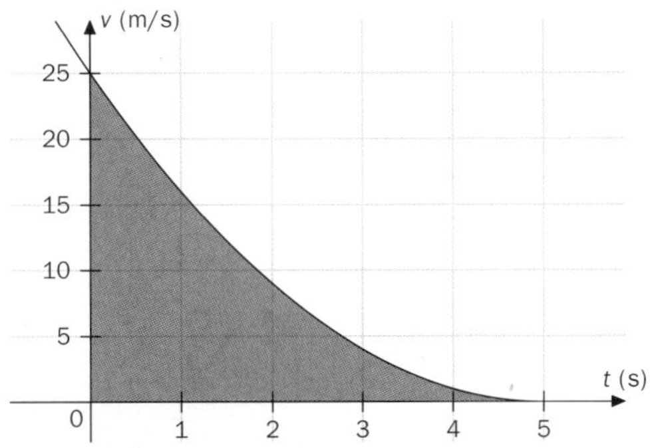

b) $L_2 = 78{,}13$ m, $R_2 = 15{,}63$ m,
$L_5 = 55$ m, $R_5 = 30$ m
c) $41\frac{2}{3}$ m

167 **a)** 18 l

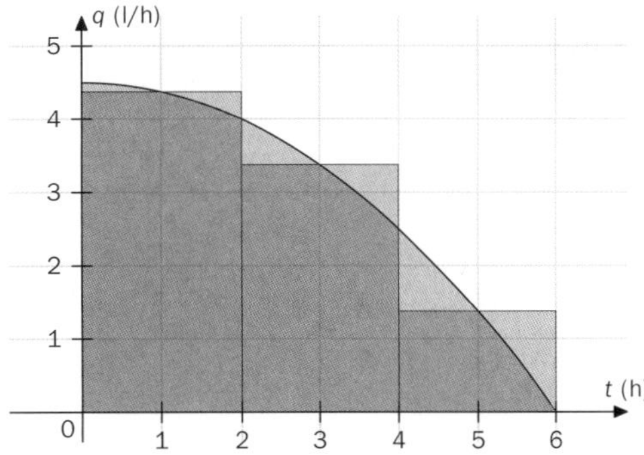

b) $M_3 = 18{,}25$ l

168 **a)**

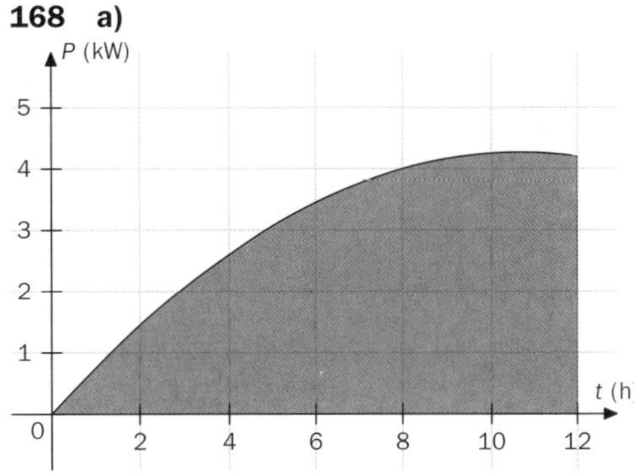

b) $E = \int_0^{12} P(t)\,dt = 36\,\text{kWh}$

169 **a)** $M_4 = 1{,}523648$, $T_4 = 1{,}482043$
b) $M_8 = 0{,}747304$, $T_8 = 0{,}745866$
c) $M_5 = 1{,}096869$, $T_5 = 1{,}099771$
d) $M_{10} = 0{,}504882$, $T_{10} = 0{,}504612$

170 **a)** $\frac{1}{3}\sin(3x) + C$ **b)** $-\frac{1}{2}\ln\big(\cos(x^2+1)\big) + C$
c) $\frac{1}{3}\ln(2+3x) + C$ **d)** $\frac{1}{2}\ln(1+x^2) + C$

171 **a)** 2 **b)** 3 **c)** 14

172 **a)** 41,35 **b)** 4,12 **c)** $\frac{1}{2}\left(1 - \frac{1}{e}\right) \approx 0{,}32$

173 **a)** 2 **b)** $\frac{1}{e}$ **c)** $\frac{1}{2}$

174 **a)** 1 **b)** $\infty \Rightarrow$ existiert nicht **c)** −1

175 —

176 Funktionsgraph; $x = a$; $x = b$; x-Achse; bestimmtes Integral; Grenzen

177 —

178 ☐ ☒ ☒ ☐ ☒

179 ☒ ☒ ☒ ☐ ☐

180 ☐ ☒ ☐ ☒ ☐

181 ☒ ☐ ☐ ☒ ☐ ☒

182 … einer Summe von Produkten

183 Stammfunktionen; Summanden

184 [C] [B] [D] [A] [E]

185 ☒ ☐ ☐ ☐ ☒

186 [E] [A] [D] [B] [C]

Thema: Integralrechnung von Archimedes bis Ito Kiyoshi

T1 Die zu berechnende Summe ist
$A_\triangle \cdot \left(1 + 2 \cdot \frac{1}{8} + 4 \cdot \left(\frac{1}{8}\right)^2 + 8 \cdot \left(\frac{1}{8}\right)^3 + \ldots\right)$,
ihr Grenzwert ist $\frac{4}{3} \cdot A_\triangle$.

T2 $2 : 3$

T3 $F(x) = |x| - 1 = \begin{cases} -x - 1 & \text{für } x \leq 0 \\ x - 1 & \text{für } x \geq 0 \end{cases}$
$F'(x) = f(x)$ gilt nur für $x \neq 0$

T4 Sowohl $f(x)$ als auch $f(-x)$ sind integrierbar (vergleiche T3). Der Wert des Integrals von -1 bis 1 ist jeweils 0. Nach der Summenregel muss daher auch $f(x) + f(-x)$ integrierbar sein, das Ergebnis ist die Summe der Integrale und daher ebenfalls 0.

Beachte: Die Funktion $f(x) + f(-x)$ hat für $x = 0$ den Wert 2 (einen isolierten Punkt), sonst überall 0. Trotzdem ist sie aufgrund der Summenregel integrierbar. Die Dirichlet-Funktion (Aufgabe T5) hat unendlich viele isolierte Punkte, dafür gilt die Summenregel nicht, sie ist nicht (Riemann-)integrierbar.

T5 Das Integral über die Dirichlet-Funktion liefert nach Henri Lebesgue null.

T6 —

2. Anwendungen der Integralrechnung

187 Im Buch ausgeführt.

188 Im Buch ausgeführt.

189 **a)** $\frac{25}{3} \approx 8{,}33$ **b)** $\frac{9}{2} = 4{,}5$

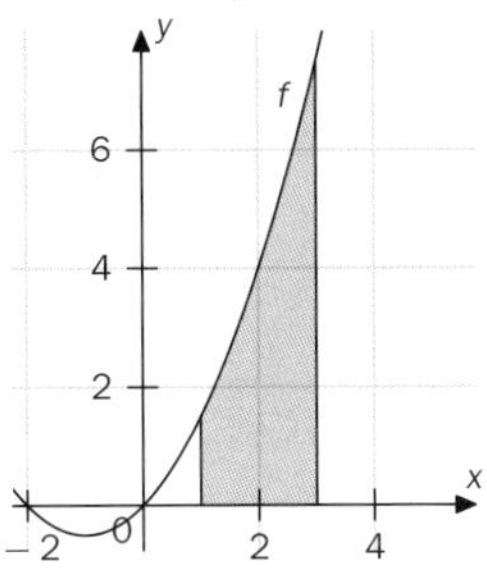

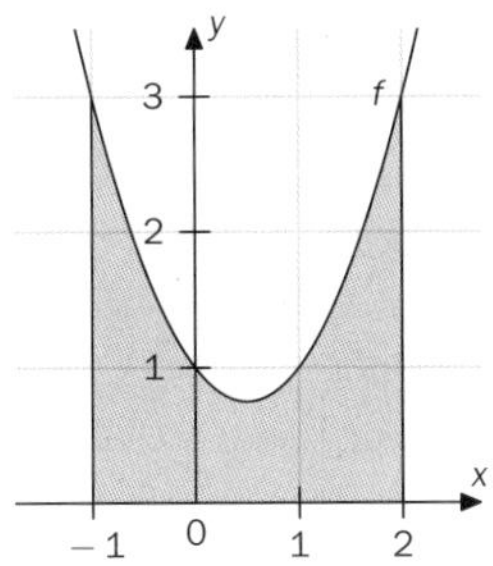

c) $\frac{15}{2} = 7{,}5$ **d)** $\frac{33}{2} = 16{,}5$

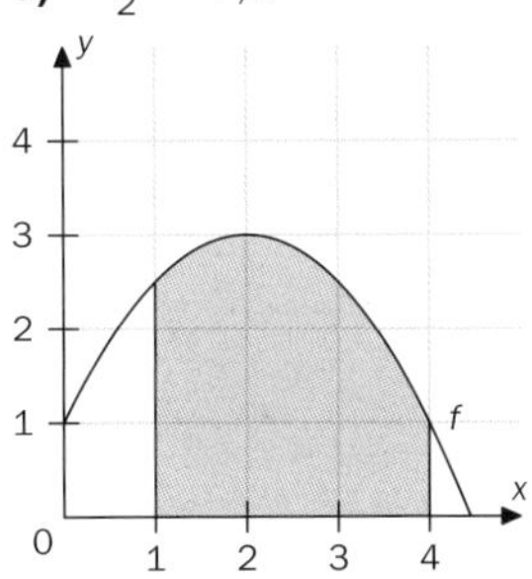

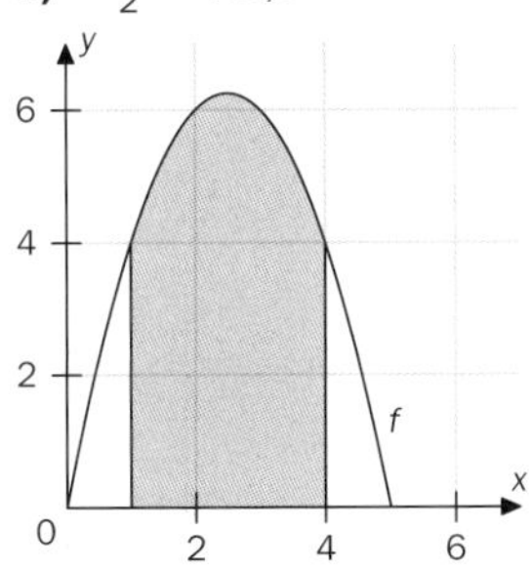

190 **a)** $N_1(2|0)$; $N_2(6|0)$; $A = \frac{32}{3} \approx 10{,}67$
b) $N_1(-6|0)$; $N_2(0|0)$; $A = 36$

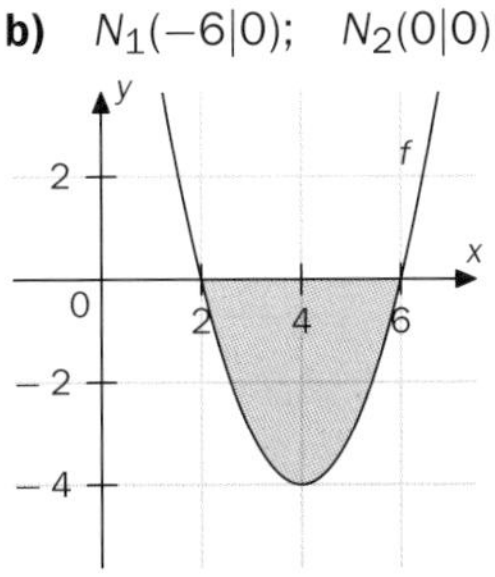

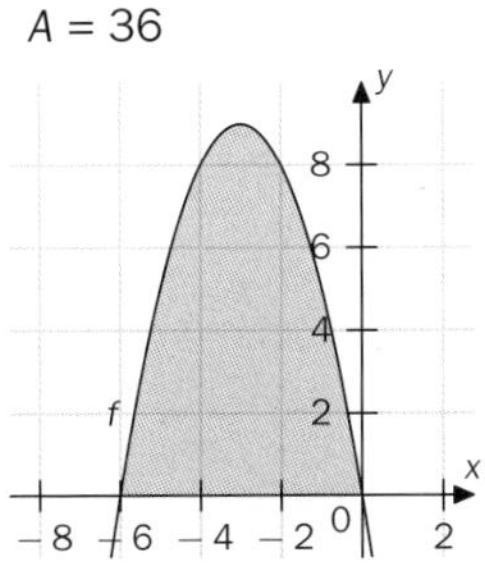

c) $N_1(0|0)$; $N_2(2|0)$; $A = 4$
d) $N_1(0|0)$; $N_2(3|0)$; $A = 13{,}5$

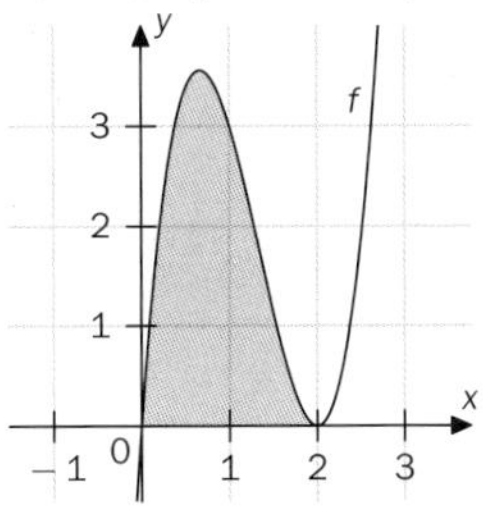

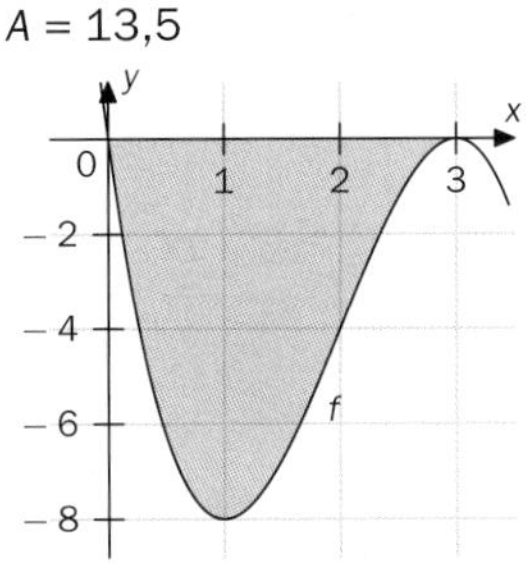

191 Die Antworten 3 und 5 sind richtig.

192 **a)** $N_1(-\sqrt{3}|0)$; $N_2(0|0)$; $N_3(\sqrt{3}|0)$; $A = \frac{3}{2}$
b) $N_1(-1|0)$; $N_2(1|0)$; $A = \frac{4}{3} \approx 1{,}33$

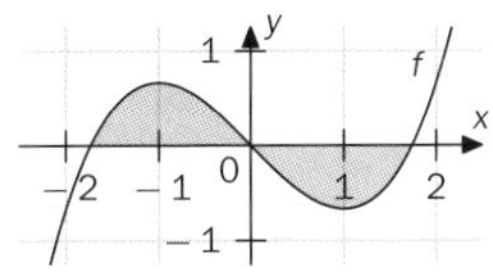

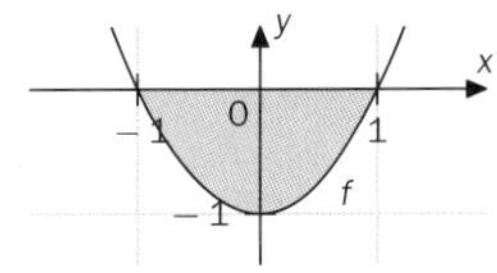

c) $N_1(0|0)$; $N_2(1|0)$; $A = \frac{1}{6} \approx 0{,}17$
d) $N_1(0|0)$; $N_2(2|0)$; $N_3(4|0)$; $A = 8$

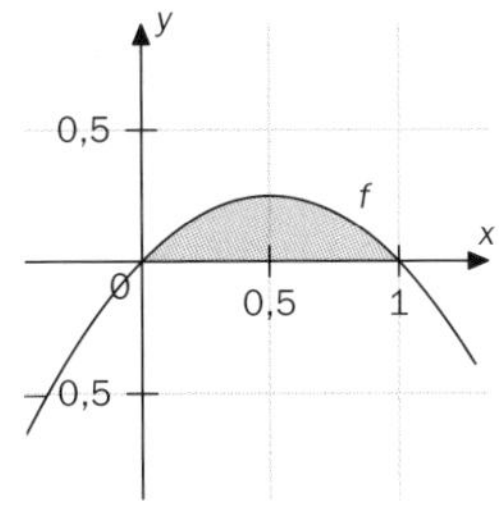

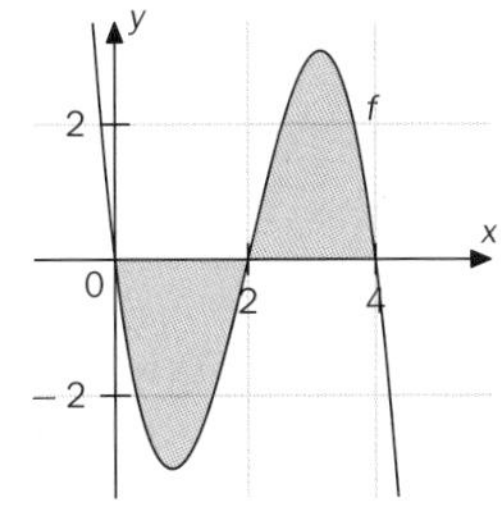

e) $N_1(0|0)$; $N_2(1|0)$; $N_3(4|0)$; $A = \frac{71}{6} \approx 11{,}83$

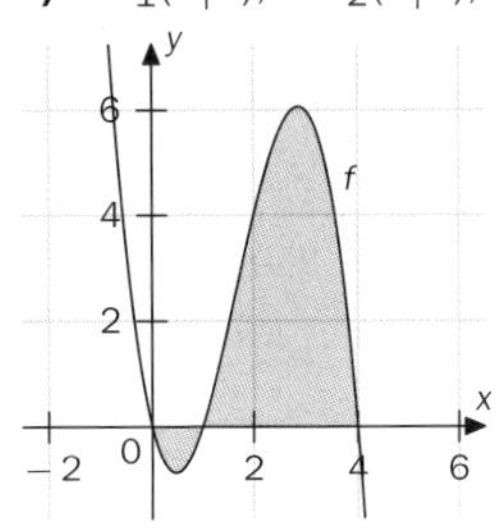

193 **a)** $N_1(-2|0)$; $N_2(0|0)$; $N_3(1|0)$
$A = \frac{37}{12} \approx 3{,}08$
b) $N_1(0|0)$; $N_2(3|0)$; $N_3(4|0)$; $A = \frac{71}{6} \approx 11{,}83$

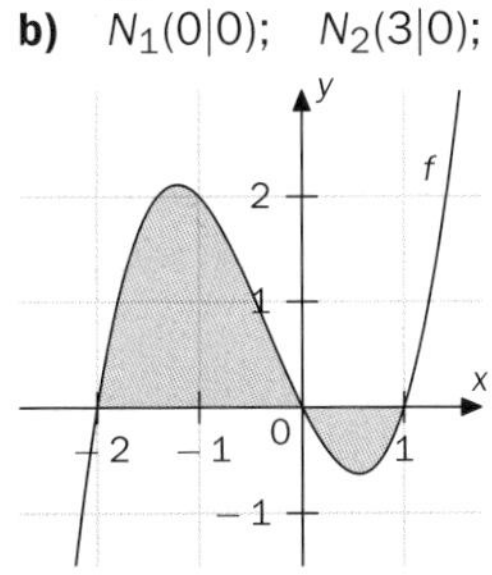

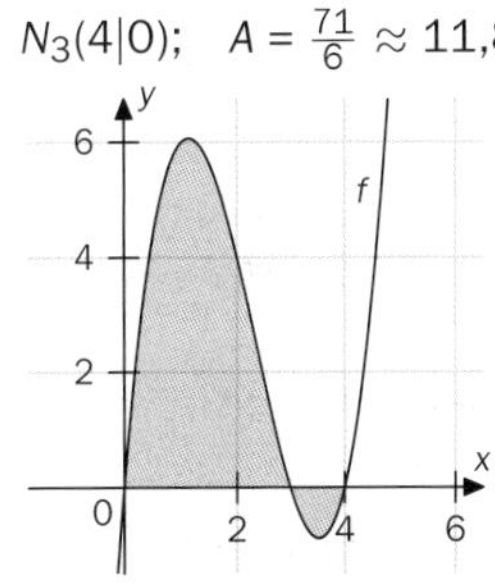

c) $N_1(-3|0)$; $N_2(-1|0)$; $N_3(1|0)$; $N_4(3|0)$
$A = \frac{196}{15} \approx 13{,}07$
d) $N_1(-2|0)$; $N_2(1|0)$; $N_3(1|0)$; $N_4(2|0)$; $A = 4$

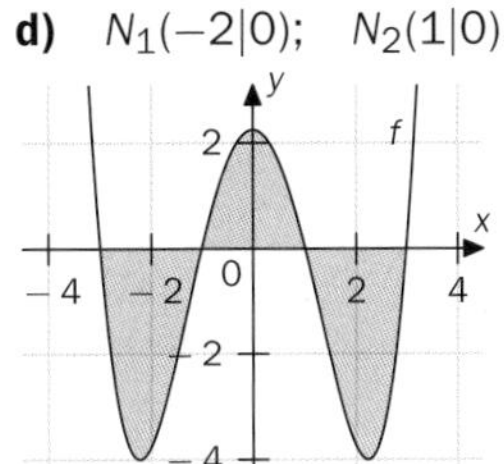

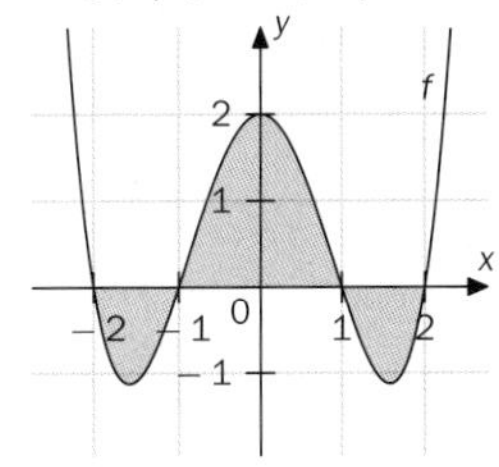

194 **a)** $\frac{57}{4} = 14{,}25$ **b)** $\frac{16}{3} \approx 5{,}33$
c) $\frac{32}{3} \approx 10{,}67$ **d)** 7,91

195 **a)** $\frac{8}{3} \approx 2{,}67$

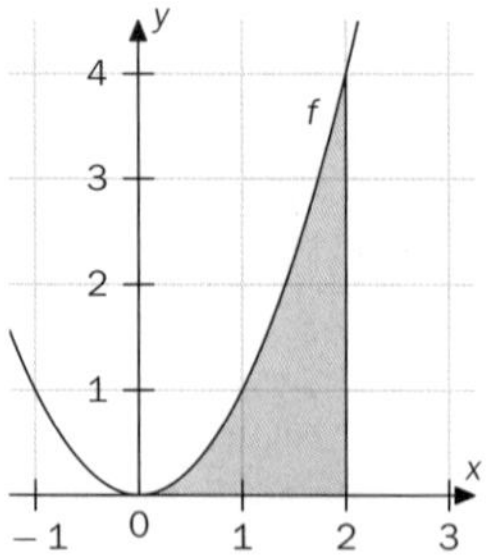

b) $\ln 3 \approx 1{,}10$

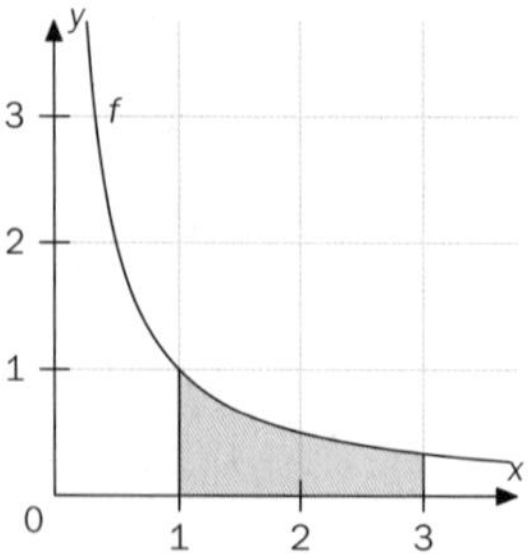

c) $\frac{32}{3} \approx 10{,}67$

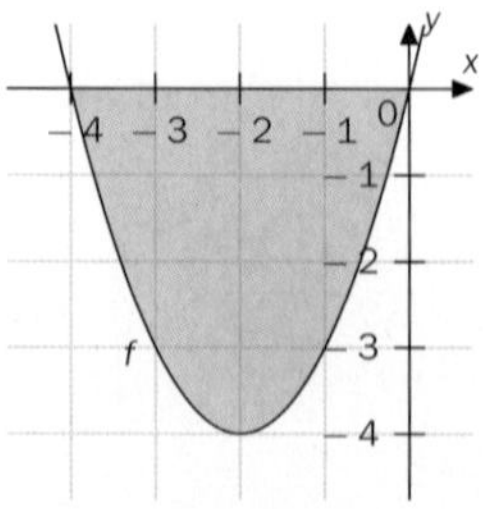

196 **a)** $\int 2\,x e^{-x}\,dx = -2 \cdot (x+1) \cdot e^{-x}$

Hinweis: Berechne die Stammfunktion durch partielle Integration nach der Formel $\int f' \cdot g\,dx = f \cdot g - \int f \cdot g'\,dx$ mit $f' = e^{-x}$ und $g = 2\,x$.

$A = 2 - \frac{4}{e} \approx 0{,}53$

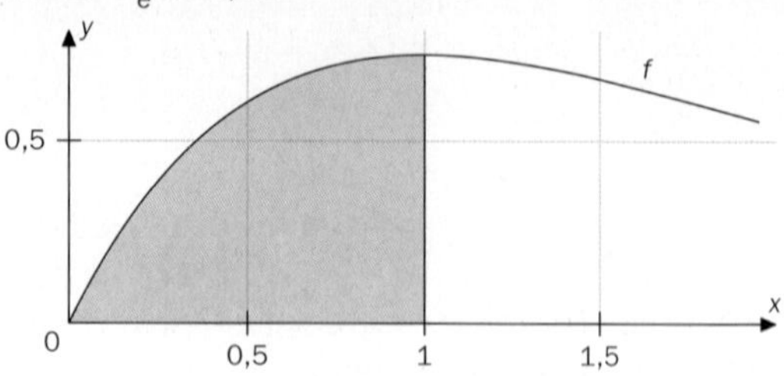

b) $\int \frac{4\,x}{x^2+4}\,dx = 2 \cdot \ln(x^2+4)$

Hinweis: Berechne die Stammfunktion durch die Substitution $u = x^2 + 4$.

$A = 4 \cdot \ln 2 \approx 2{,}77$

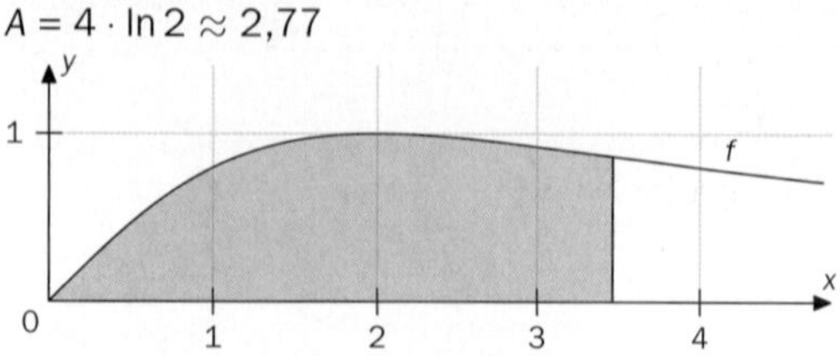

197 Zwei Nullstellen $N_1(x_1|0)$ und $N_2(x_2|0)$:

$A = |\int_{x_1}^{x_2} f(x)\,dx|$

Drei Nullstellen $N_1(x_1|0)$, $N_2(x_2|0)$ und $N_3(x_3|0)$:

$A = |\int_{x_1}^{x_2} f(x)\,dx| + |\int_{x_2}^{x_3} f(x)\,dx|$

198 Im Buch ausgeführt.

199 Im Buch ausgeführt.

200 **a)** $S_1(-2|4)$; $S_2(1|1)$; $A = \frac{9}{2} = 4{,}5$

b) $S_1(-2|-1)$; $S_2(2|-1)$; $A = 16$

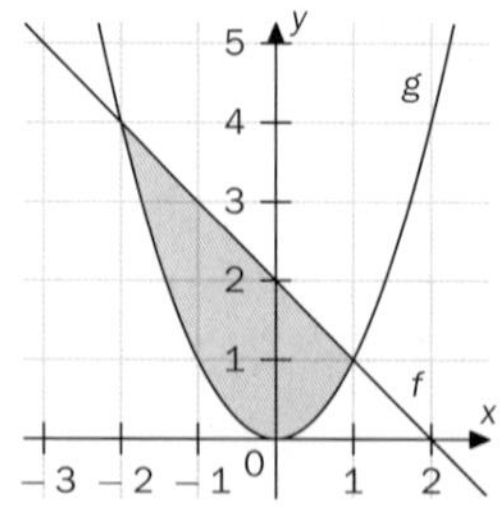

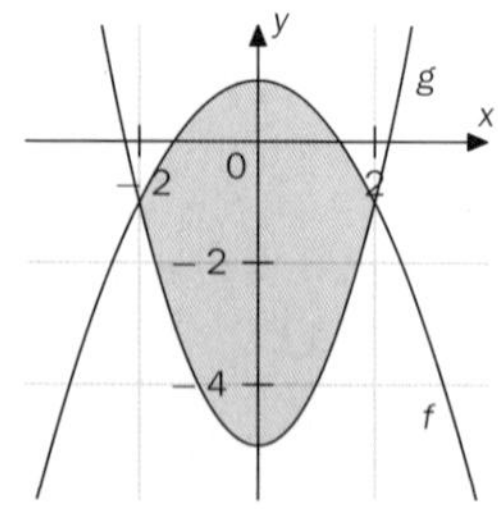

c) $S_1(0|0)$; $S_2(6|12)$; $A = 36$

d) $S_1(-1|4)$; $S_2(1|4)$; $A = 4$

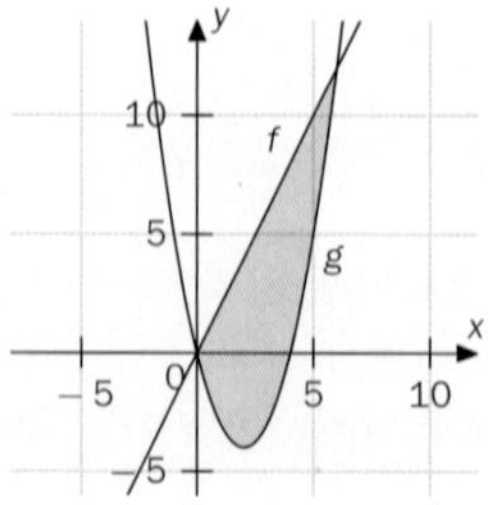

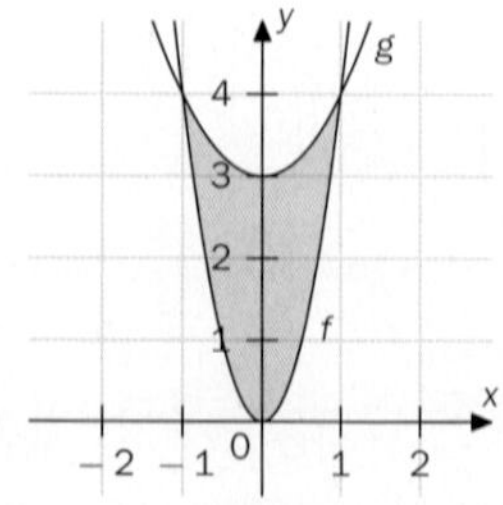

201 **a)** $S_1(0|0)$; $S_2(1|-1)$; $S_3(9|3)$

$A = \int_0^1 [f(x) - g(x)]\,dx + \int_1^9 [f(x) - h(x)]\,dx = \frac{32}{3} \approx 10{,}67$

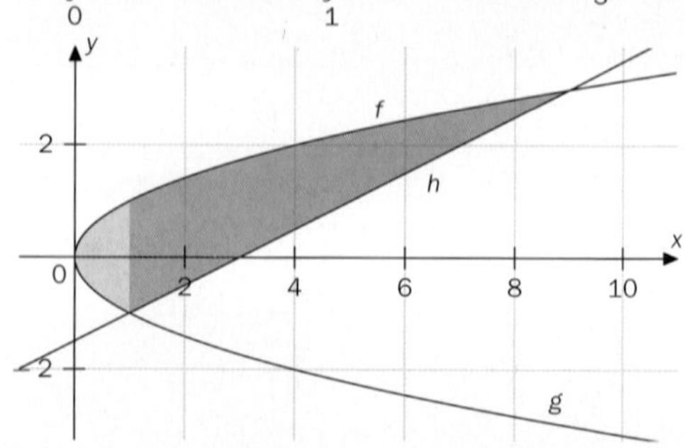

b) $S_1(-2|2)$; $S_2(1|-1)$; $S_3(2|0)$

$A = \int_{-2}^{1} [f(x) - h(x)]\,dx + \int_1^2 [f(x) - g(x)]\,dx = \frac{9}{2} = 4{,}5$

c) $S_1(-3|1)$; $S_2(0|2)$; $S_3(1|1)$

$A = \int_{-3}^{0} [f(x) - g(x)]\,dx + \int_0^1 [h(x) - g(x)]\,dx = 13$

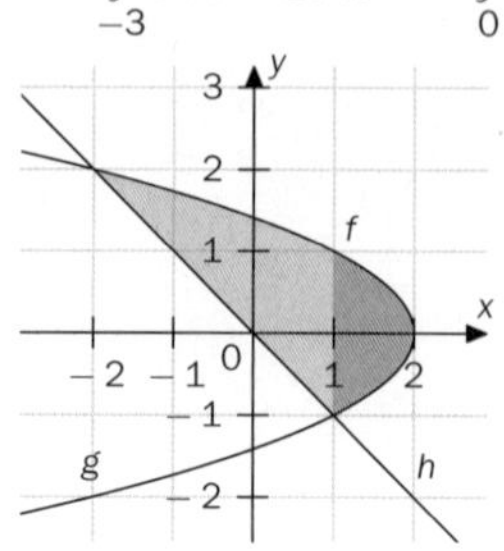

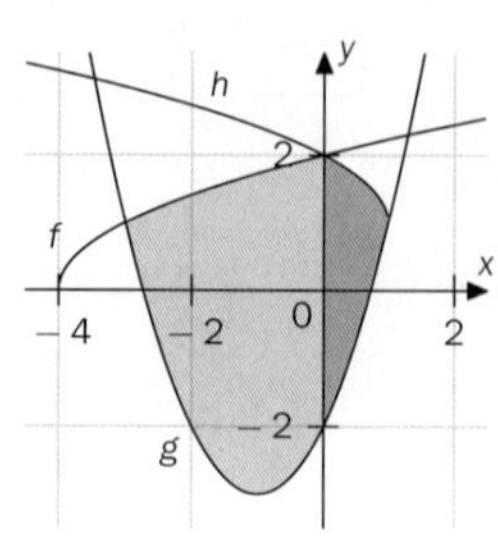

202 **a)** $S_1(-2|-4)$; $S_2(0|0)$; $S_3(2|4)$; $A = 8$

b) $S_1\left(\frac{\pi}{4}\middle|\frac{\sqrt{2}}{2}\right)$; $S_2\left(\frac{5\pi}{4}\middle|-\frac{\sqrt{2}}{2}\right)$; $A = 2 \cdot \sqrt{2} \approx 2{,}83$

c) $S_1(-1|1)$; $S_2(0|0)$; $S_3(1|-1)$; $A = \frac{1}{2} = 0{,}5$

203 **a)** $S_1(-1|-3)$; $S_2(2|0)$; $A = \frac{9}{2} = 4{,}5$

b) $S_1(0|-4)$; $S_2(3|-1)$; $A = \frac{9}{2} = 4{,}5$

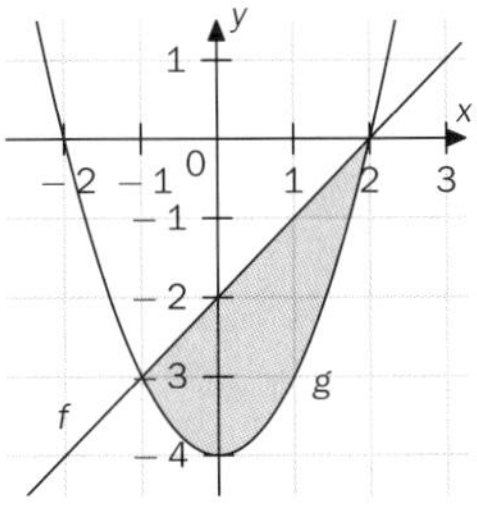

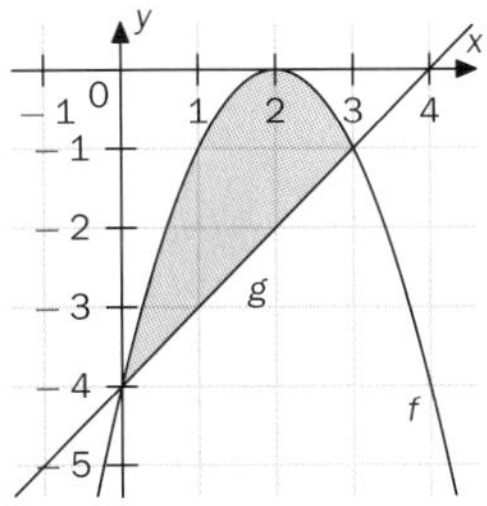

c) $S_1(-2|-2)$; $S_2(1|1)$; $A = \frac{9}{2} = 4{,}5$

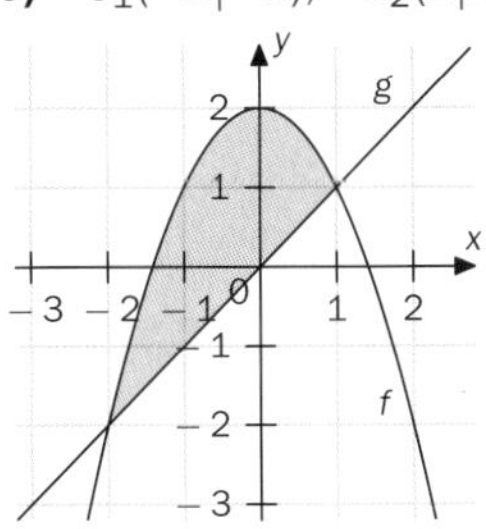

204 **a)** $S_1(-3|4)$; $S_2(-2|3)$; $S_3(1|0)$

$A = \frac{71}{6} \approx 11{,}83$

b) $S_1(0|0)$; $S_2(1|0)$; $S_3(4|12)$; $A = \frac{71}{6} \approx 11{,}83$

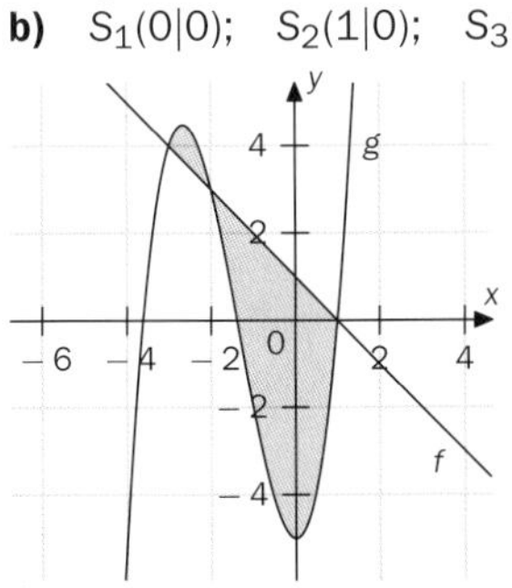

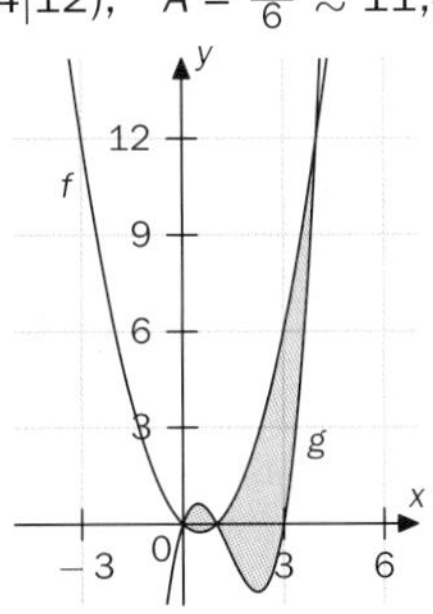

c) $S_1(-\frac{\pi}{2}|-1)$; $S_2(0|0)$; $S_3(\frac{\pi}{2}|1)$

$A = 2 - \frac{\pi}{2} \approx 0{,}43$

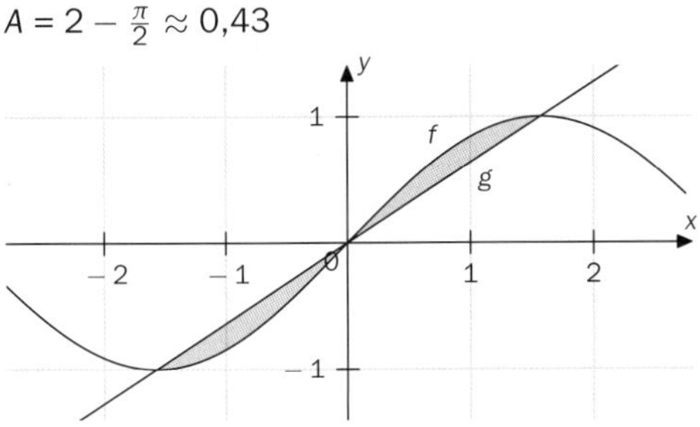

205 **a)** $S_1(-1|-1)$; $S_2(0|0)$; $S_3(1|1)$

Spiegelung am Ursprung:

$$A = 2 \cdot \int_0^1 [g(x) - f(x)]\,dx = \frac{1}{2} = 0{,}5$$

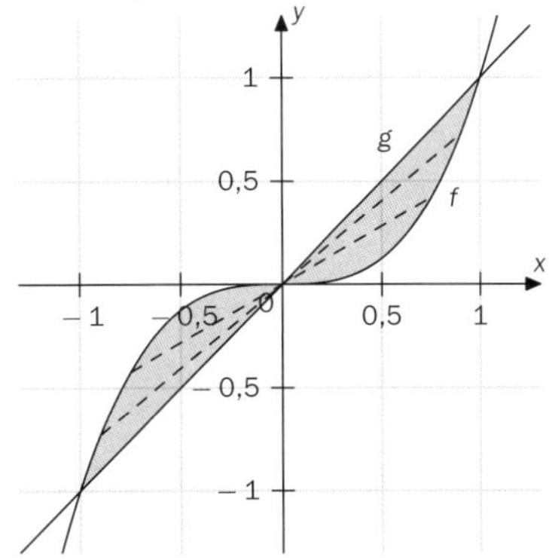

Hinweis: Die strichlierten Linien zeigen die Spiegelung am Ursprung am Beispiel zweier Punkte von f.

b) $S_1\left(-\frac{2\pi}{3}\middle|-\frac{1}{2}\right)$; $S_2(0|1)$; $S_3\left(\frac{2\pi}{3}\middle|-\frac{1}{2}\right)$

Spiegelung an der *y*-Achse:

$$A = 2 \cdot \int_0^{\frac{2\pi}{3}} [f(x) - g(x)]\,dx = \frac{3 \cdot \sqrt{3}}{2} \approx 2{,}60$$

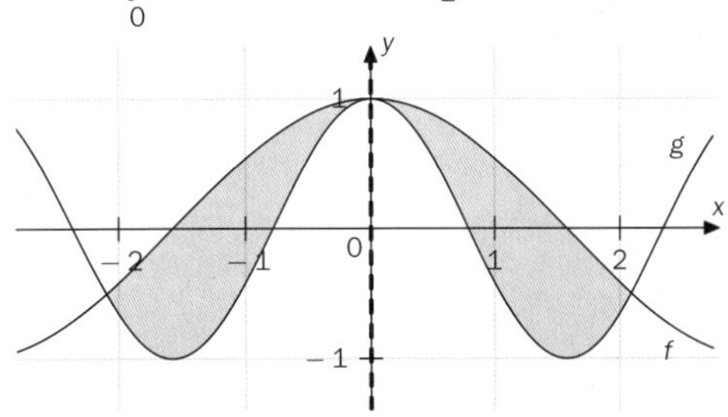

206 Sofern die Funktionen $f(x)$ und $g(x)$ einander im Intervall $[a; b]$ nicht schneiden, gilt:

$$A = \left|\int_a^b [f(x) - g(x)]\,dx\right|$$

Sind Schnittpunkte $S_1(x_1|y_1)$, $S_2(x_2|y_2)$, …, $S_n(x_n|y_n)$ im Intervall $[a; b]$ vorhanden, müssen die bestimmten Integrale jeweils von einem Schnittpunkt zum nächsten berechnet werden:

$$A = \left|\int_a^{x_1} [f(x) - g(x)]\,dx\right| + \left|\int_{x_1}^{x_2} [f(x) - g(x)]\,dx\right| + \ldots$$
$$\ldots + \left|\int_{x_n}^{b} [f(x) - g(x)]\,dx\right|$$

207 Im Buch ausgeführt.

208 Im Buch ausgeführt.

209 $A(z) = \frac{z^4}{8} - 4z^2 + 32$; $V = \frac{1024}{15} \approx 68{,}27$

210 Die Skulpturen sind durch die Querschnittsfläche nicht eindeutig bestimmt, da die Form des Querschnitts nicht bestimmt ist. Diese kann z. B. rund oder quadratisch sein.

a) $V = 4$

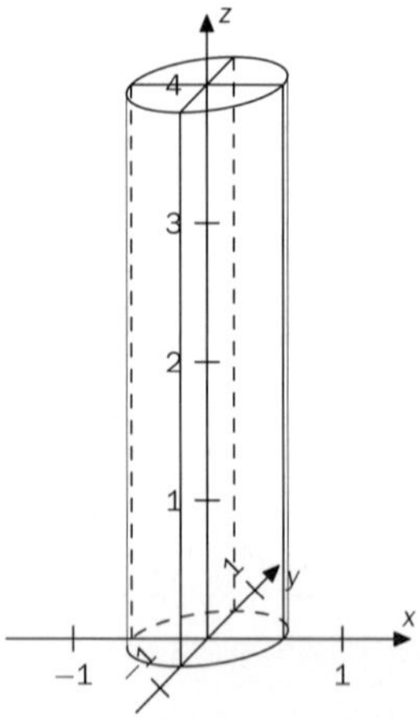

b) $V = 8$

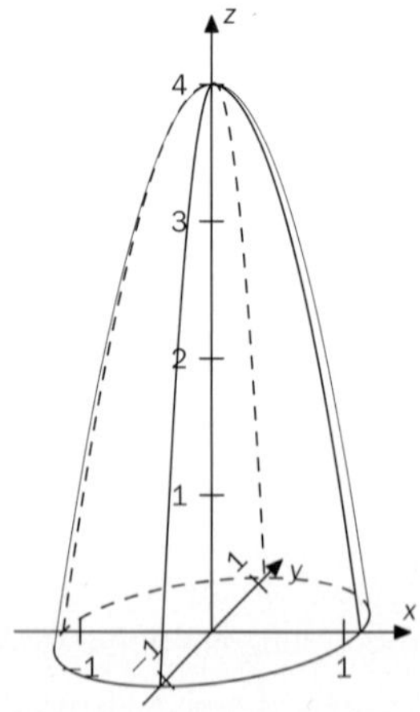

c) $V = 2$

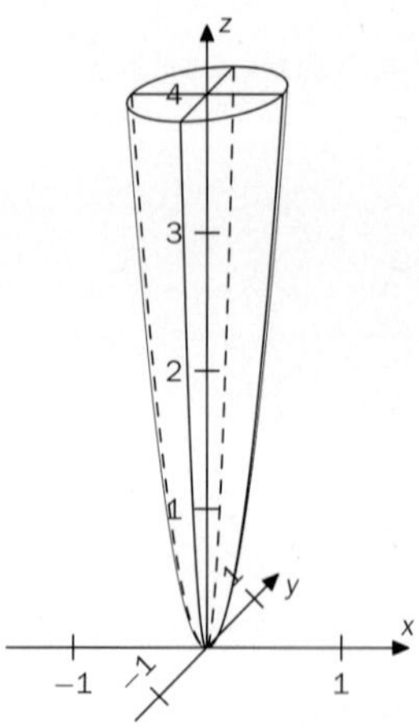

d) $V = \frac{8}{3} \approx 2{,}67$

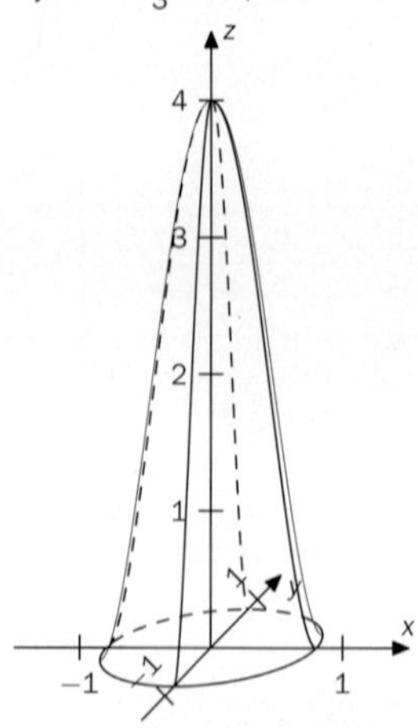

211 $A(z) = \left(5 + \frac{5}{8}z\right) \cdot \left(3 - \frac{2}{8}z\right) = 15 + \frac{5}{8}z - \frac{5}{32}z^2$
$V = \frac{340}{3} \approx 113{,}33$

212 a) $f(x) = \frac{40}{x} - 20$

b) $A(z) = \frac{40}{z+20} \cdot \left(20 + \frac{28}{20}z\right) = 56 - \frac{320}{z+20}$

c) $V = 1120 - 320 \cdot \ln 2 \approx 898{,}19$

213 Diese Aufgabe verläuft sehr ähnlich zu 208, nur bei der Anwendung des Strahlensatzes müssen zwei Seiten unterschieden werden:
$s_1 : a = (h - z) : h$ und $s_2 : b = (h - z) : h$
Aus $A(z) = s_1 \cdot s_2$ folgt dann $V = \frac{a \cdot b \cdot h}{3}$.

214 Auch diese Aufgabe verläuft sehr ähnlich zu 208, hier gilt jedoch für die Fläche des regelmäßigen Sechsecks die Formel $A(z) = \frac{3 \cdot \sqrt{3}}{2} \cdot s^2$
Daraus folgt $V = \frac{\sqrt{3} \cdot a^2 \cdot h}{2}$.

215 Im Buch ausgeführt.

216 Im Buch ausgeführt.

217 Im Buch ausgeführt.

218 a) $\frac{32\pi}{5} \approx 20{,}11$

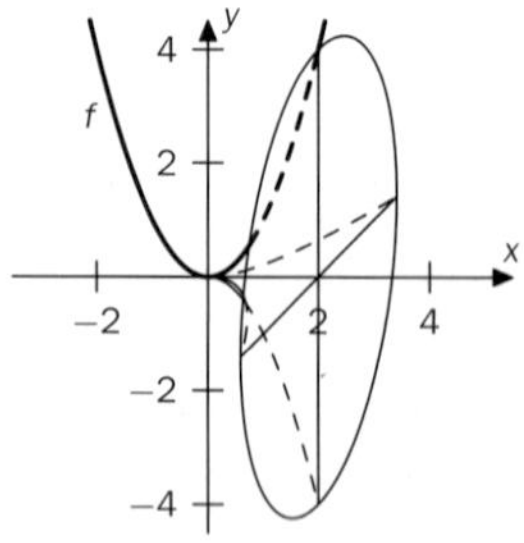

b) $\frac{14\pi}{3} \approx 14{,}66$

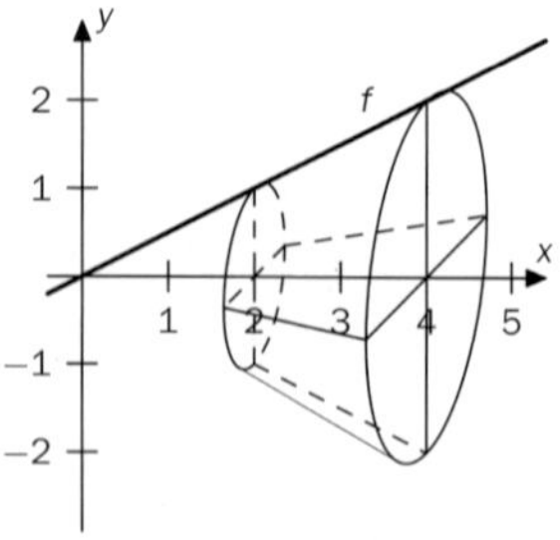

c) $2\pi \approx 6{,}28$

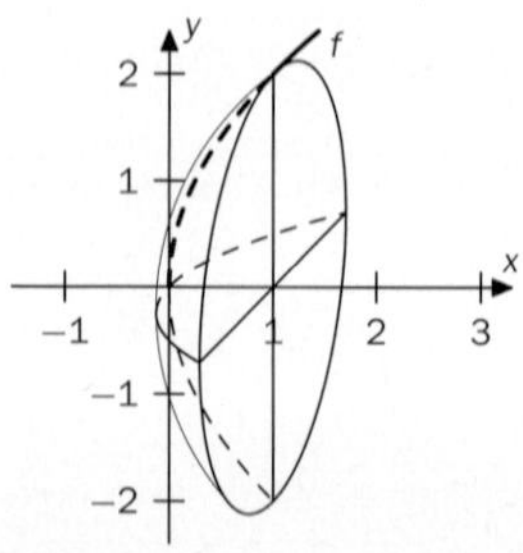

d) $\frac{3\pi}{4} \approx 2{,}36$

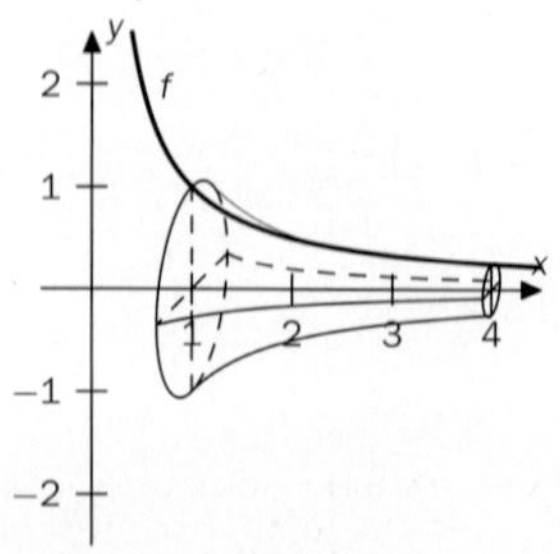

219 $N_1(0|0)$; $N_2(6|0)$; $V = \frac{324\pi}{5} \approx 203{,}58$

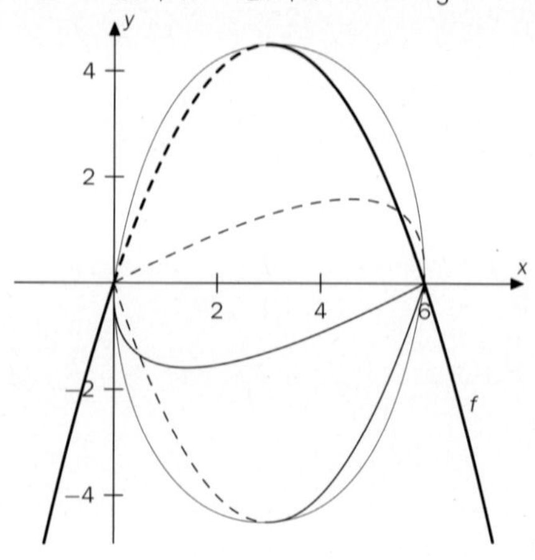

220 $\frac{16\pi}{3} \approx 16{,}76$

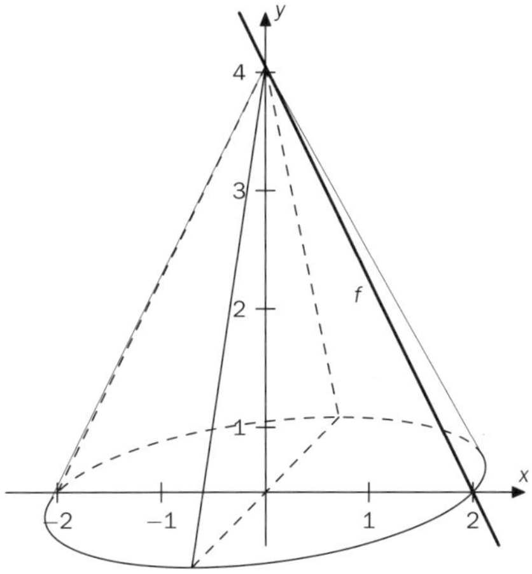

221 **a)** $8\pi \approx 25{,}13$ **b)** $\frac{28\pi}{3} \approx 29{,}32$

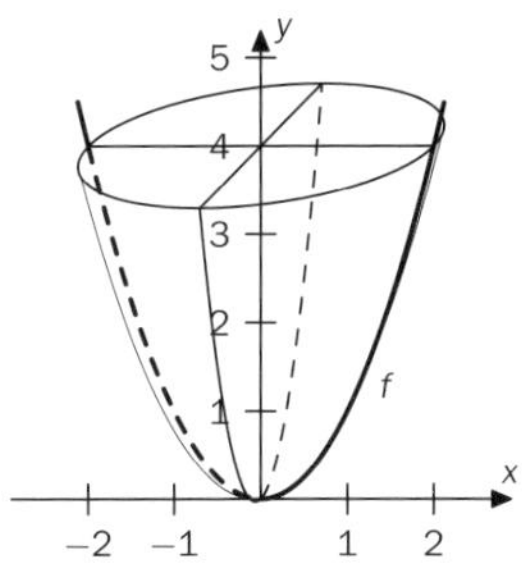

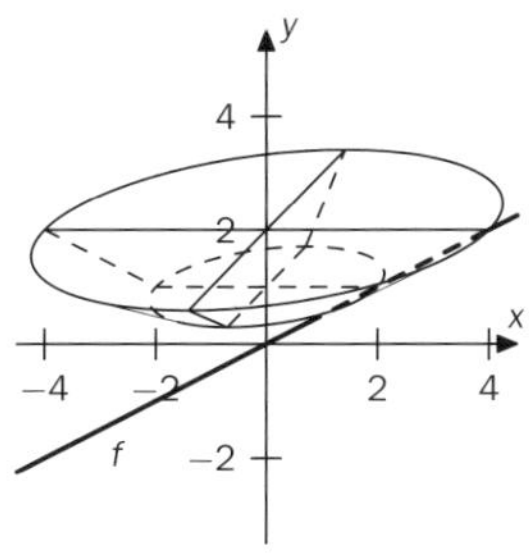

c) $\frac{2\pi}{5} \approx 1{,}26$ **d)** $3\pi \approx 9{,}42$

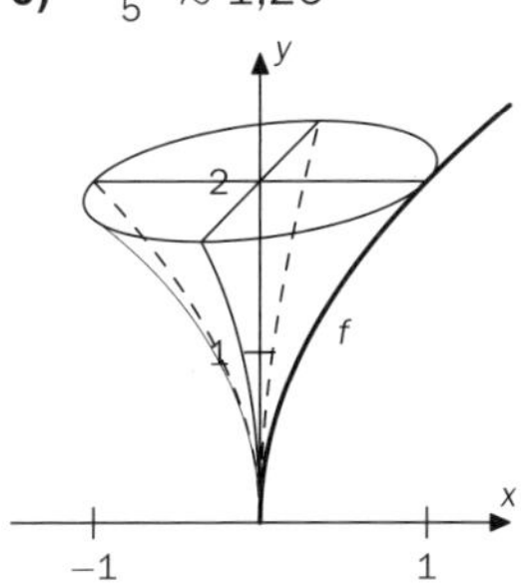

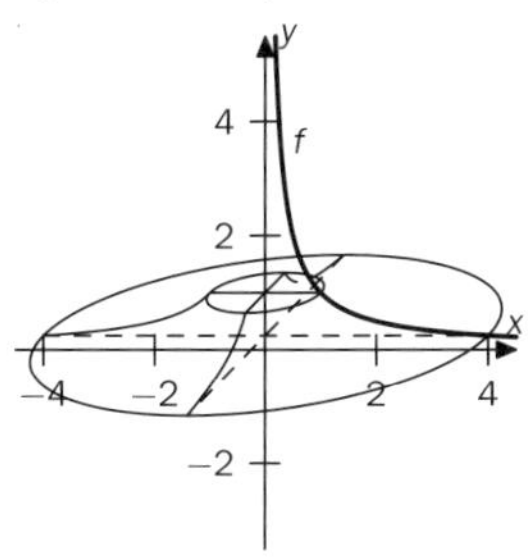

222 $V_x = \frac{1023\pi}{20} \approx 160{,}69$

$V_y = \frac{255\pi}{4} \approx 200{,}28$

223 Rotation um die *x*-Achse:

$V_x = V_{x_f} - V_{x_g} = \frac{\pi}{3} - \frac{\pi}{5} = \frac{2\pi}{15} \approx 0{,}42$

Rotation um die *y*-Achse:

$V_y = V_{y_g} - V_{y_f} = \frac{\pi}{2} - \frac{\pi}{3} = \frac{\pi}{6} \approx 0{,}52$

224 **a)** f: $x = 2$; $V = 20\pi \approx 62{,}83$

b) f_1: $x = 2$; f_2: $x = \frac{y-1}{2}$

$$V = \pi \cdot \left(\int_0^5 f_1^2\,dy - \int_1^5 f_2^2\,dy\right) = \frac{44\pi}{3} \approx 46{,}08$$

c) f_1: $x = 2$; f_2: $x = \sqrt{y-1}$

$$V = \pi \cdot \left(\int_0^5 f_1^2\,dy - \int_1^5 f_2^2\,dy\right) = 12\pi \approx 37{,}70$$

d) f: $x = \sqrt{y-1}$; t: $x = \frac{y+3}{4}$

$$V = \pi \cdot \left(\int_0^5 t^2\,dy - \int_1^5 f^2\,dy\right) = \frac{101\pi}{48} \approx 6{,}61$$

225 Im Buch ausgeführt.

226 Im Buch ausgeführt.

227 Im Buch ausgeführt.

228 **a)** $4 \cdot \sqrt{5} \approx 8{,}94$ **b)** $4 \cdot \sqrt{2} \approx 5{,}66$

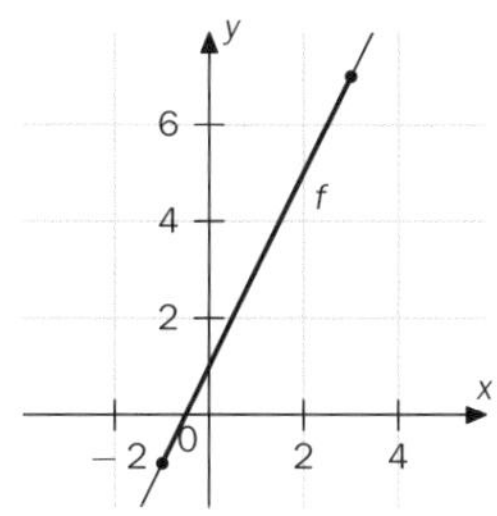

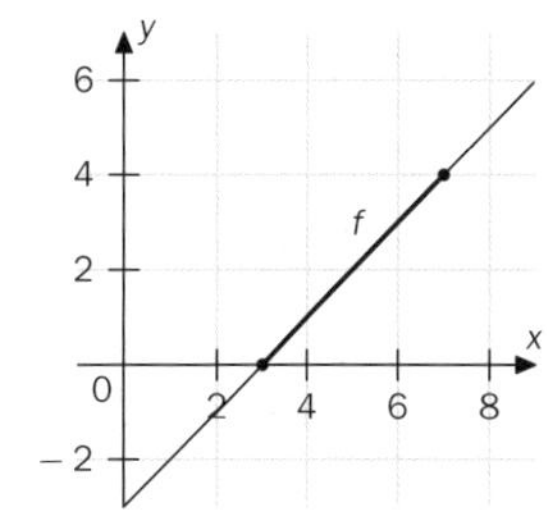

c) $\frac{\sqrt{17}}{2} \approx 2{,}06$ **d)** $2 \cdot \sqrt{5} \approx 4{,}47$

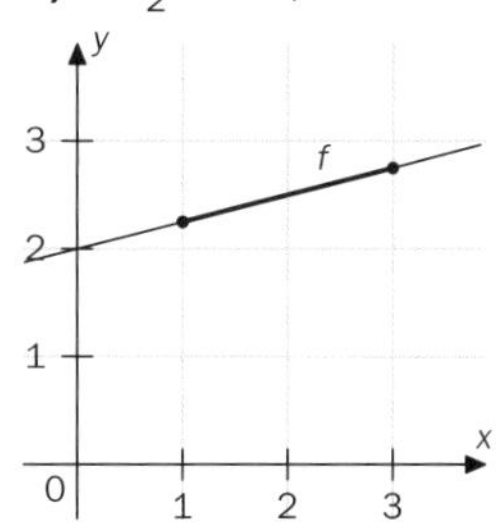

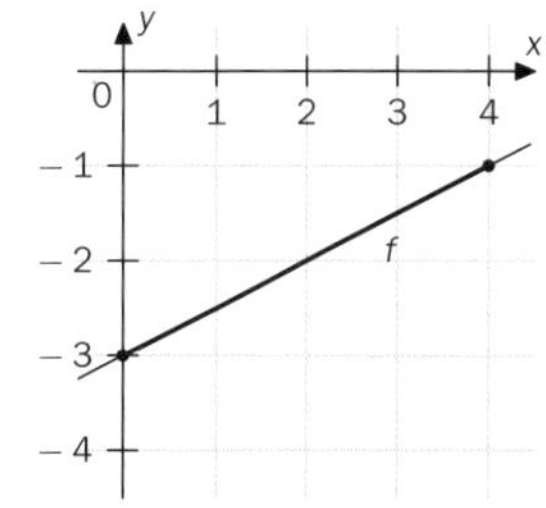

229 **a)** 1,44 **b)** 1,10

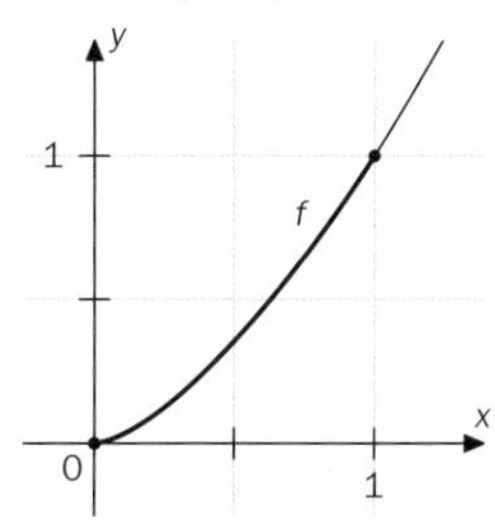

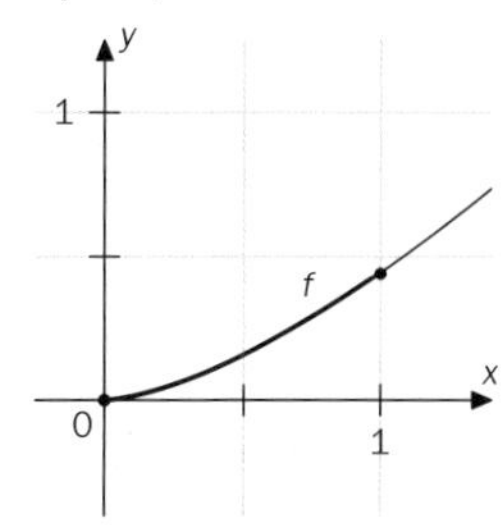

230 **a)** $L = \int_0^1 \sqrt{1 + \frac{x^2}{4}}\,dx \approx 1{,}04$ (exakt: 1,04)

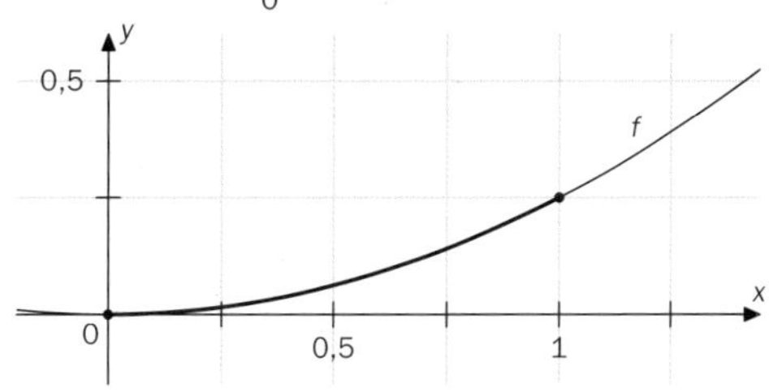

b) $L = \int\limits_1^6 \sqrt{1 + \frac{1}{4x}}\,dx \approx 5{,}23$ (exakt: 5,22)

c) $L = \int\limits_0^4 \sqrt{1 + \frac{x^2}{25 - x^2}}\,dx \approx 4{,}67$ (exakt: 4,64)

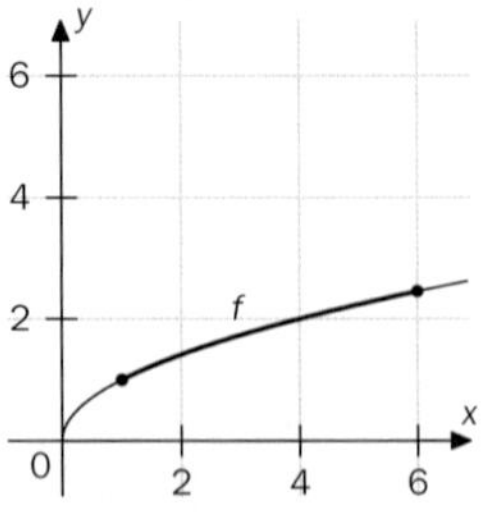

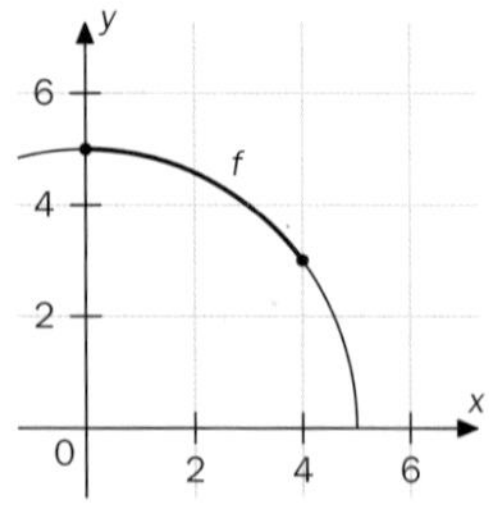

231 a) $L = \int\limits_0^2 \sqrt{1 + 4x^2}\,dx \approx 4{,}65$

b) $L = \int\limits_0^{\pi} \sqrt{1 + (\cos x)^2}\,dx \approx 3{,}82$

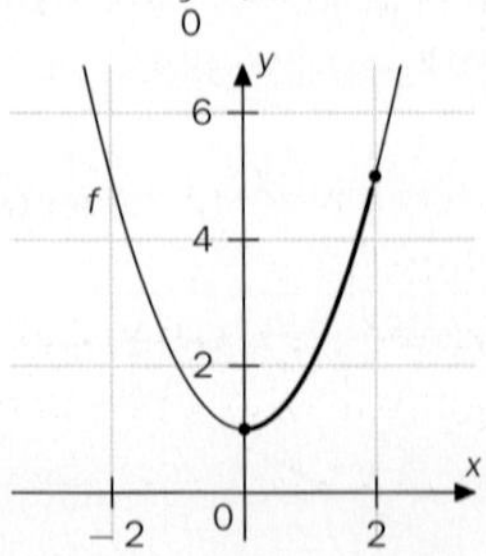

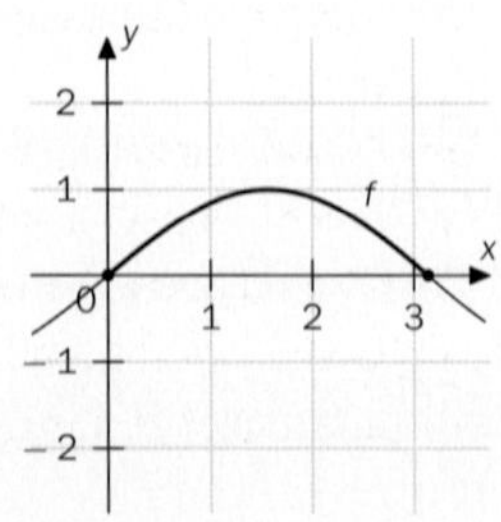

c) $L = \int\limits_{-2}^2 \sqrt{1 + e^{2x}}\,dx \approx 9{,}01$

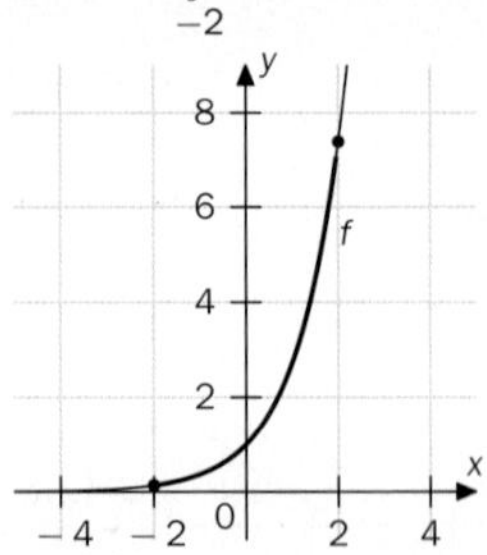

232 Im Buch ausgeführt.

233 Im Buch ausgeführt.

234 Im Buch ausgeführt.

235 a) $M = 2\pi \cdot \int\limits_0^1 2 \cdot \sqrt{2 - x}\,dx \approx 15{,}32$

b) $M = 2\pi \cdot \int\limits_2^3 \sqrt{x + \frac{1}{4}}\,dx \approx 10{,}41$

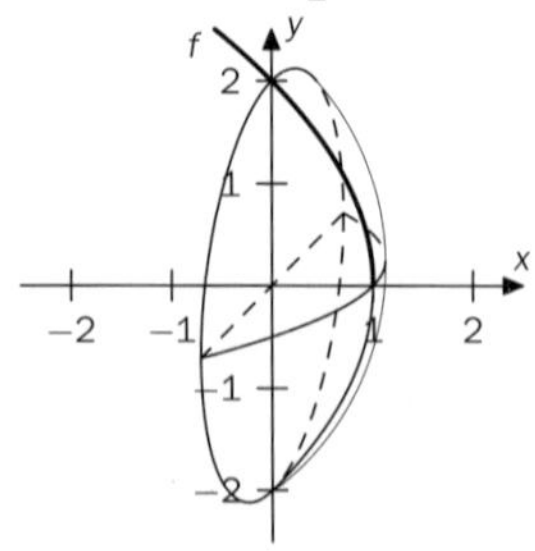

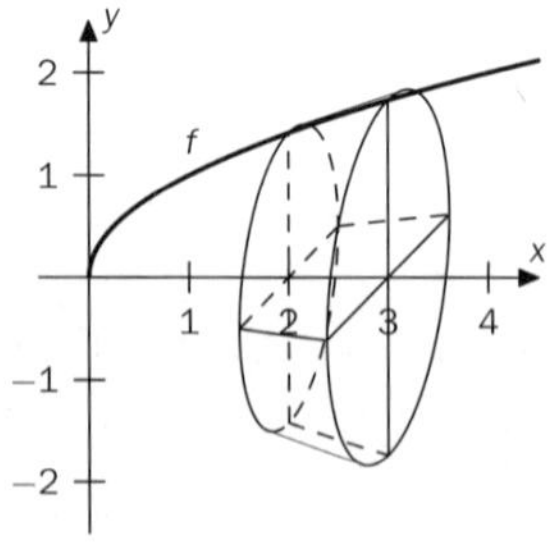

c) $M = 2\pi \cdot \int\limits_1^3 -\frac{x^2}{6} + \frac{x}{3} + \frac{1}{2}\,dx = \frac{16\pi}{9} \approx 5{,}59$

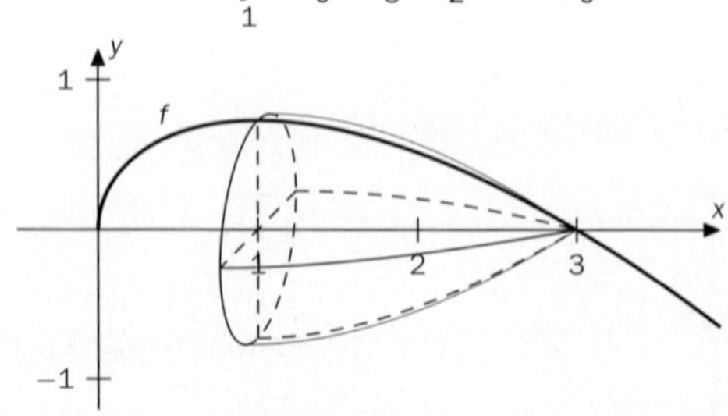

236 $M = 2\pi \cdot \int\limits_0^5 (\cos x + 2) \cdot \sqrt{1 + (\sin x)^2} \approx 11{,}18$

Trapezregel mit $n = 5$: $M \approx 11{,}25$

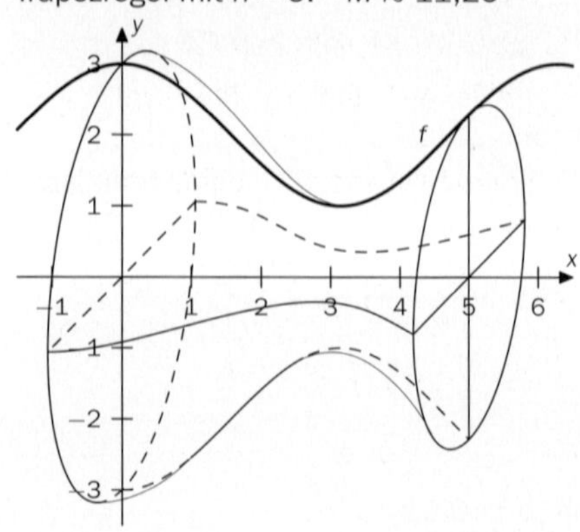

237 $M = 2\pi \cdot \int_0^1 x^3 \cdot \sqrt{1+9x^4}\,dx =$

$= 2\pi \cdot \int_1^{10} \frac{1}{36} \cdot \sqrt{u}\,du \approx 3{,}56$

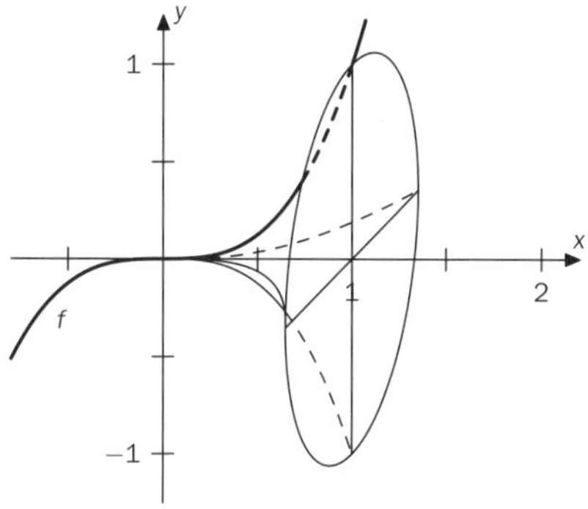

238

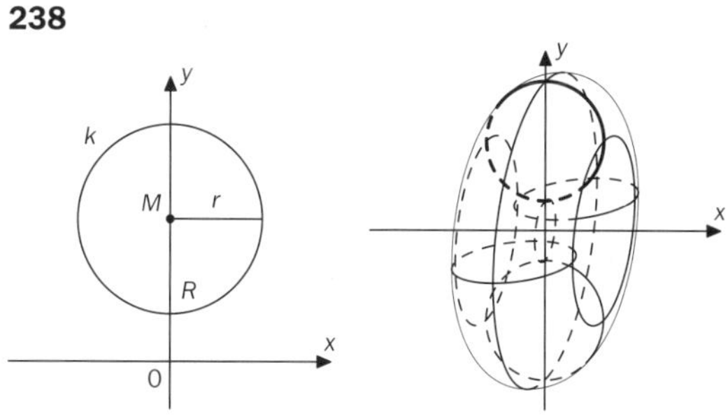

$k: \; x^2 + (y - R)^2 = r^2$

Wird y explizit ausgedrückt, erhält man für den oberen bzw. den unteren Halbkreis folgende Gleichungen:

$y_{1,2} = R \pm \sqrt{r^2 - x^2}$

Für den äußeren bzw. den inneren Teil der Mantelfläche erhält man dann:

$M_{1,2} = 2\pi \cdot \int_{-r}^{r} \left(R \pm \sqrt{r^2 - x^2}\right) \cdot \sqrt{1 + \frac{x^2}{r^2 - x^2}}\,dx$

$M_{1,2} = 2 \cdot 2\pi \cdot \int_0^r \left(\frac{Rr}{\sqrt{r^2 - x^2}} \pm r\right) dx$

$M_{1,2} = 4\pi \cdot \left(Rr \cdot \int_0^r \frac{1}{\sqrt{r^2 - x^2}}\,dx \pm \int_0^r r\,dx\right)$

Für die Gesamtfläche gilt somit:

$M = M_1 + M_2 = 2 \cdot 4\pi \cdot Rr \cdot \int_0^r \frac{1}{\sqrt{r^2 - x^2}}\,dx$

Dieses Integral kann mit der Substitution $x = r \cdot \sin t$ gelöst werden:

$M = 8\pi \cdot Rr \cdot \int_{t_1}^{t_2} \frac{1}{\sqrt{r^2 \cdot (1 - (\sin t)^2)}} \cdot r \cdot \cos t\,dt$

Aus $(\sin t)^2 + (\cos t)^2 = 1$ folgt:

$M = 8\pi \cdot Rr \cdot \int_{t_1}^{t_2} 1\,dt$

Man erhält nun durch das Integrieren, die Rücksubstitution $t = \arcsin\left(\frac{x}{r}\right)$ und mit Einsetzen der Grenzen:

$M = 4\pi^2 \cdot Rr$

239 Im Buch ausgeführt.

240 Im Buch ausgeführt.

241 Im Buch ausgeführt.

242

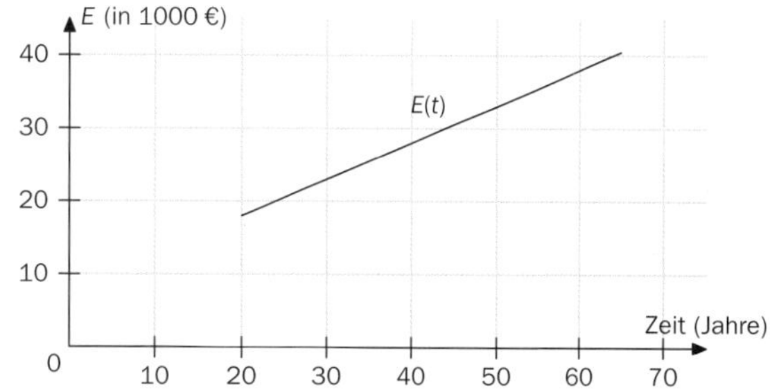

a) Das Gesamteinkommen zwischen dem 20. und dem 65. Lebensjahr beträgt 1 316 250 €.

b) Das jährliche Durchschnittseinkommen zwischen dem 20. und dem 65. Lebensjahr beträgt 29 250 €.

c) 765 000 €

d) Das Gesamteinkommen zwischen dem 20. Lebensjahr und $t_1 = 40$ Jahren beträgt 460 000 €.

Das Gesamteinkommen zwischen dem 20. Lebensjahr und $t_2 \approx 35{,}11$ Jahren beträgt ein Viertel des Gesamteinkommens zwischen dem 20. und dem 65. Lebensjahr.

243

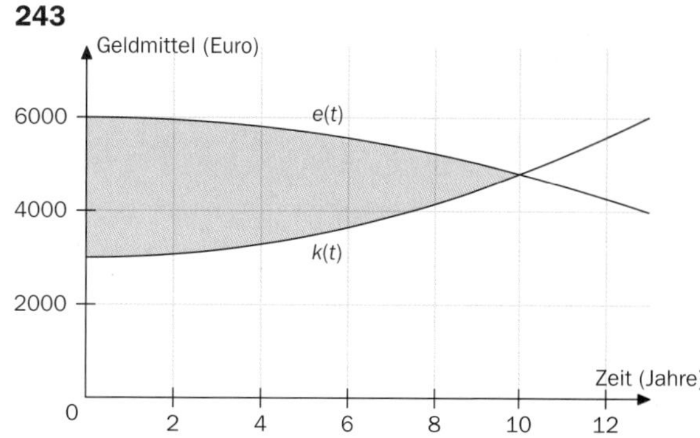

a) Der Betrieb bleibt 10 Jahre rentabel.

b) 20 000 €

244 40 €

245 $\bar{p} = 10$ €; $p(x) = 40 - 15x$; $\bar{x} = 2$

$KR = 30$ €

246 **a)** $KR = 80$ € **b)** $KR = \frac{152}{3} \approx 50{,}67$ €

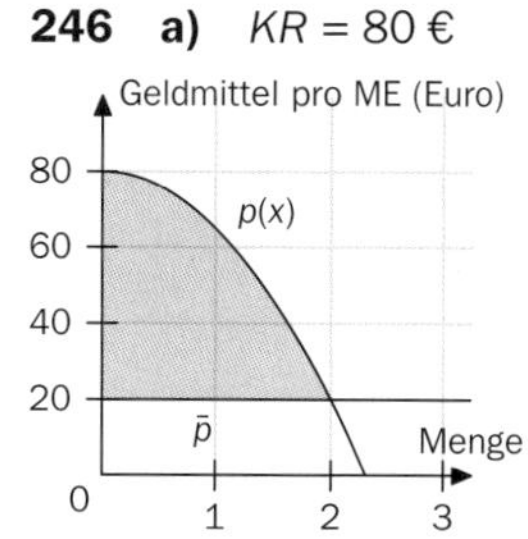

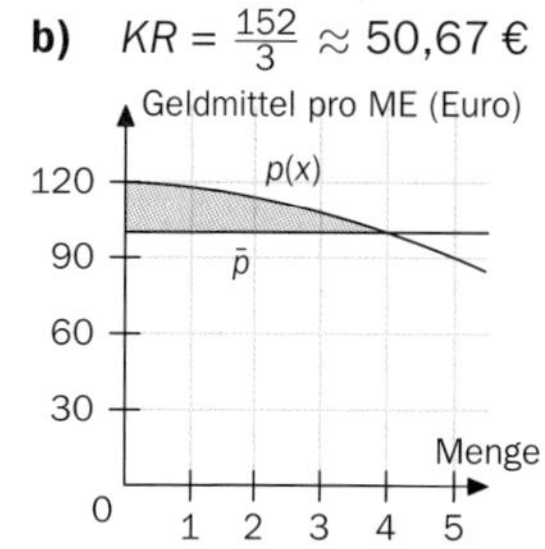

c) $KR = \frac{256}{3} \approx 85{,}33$ €

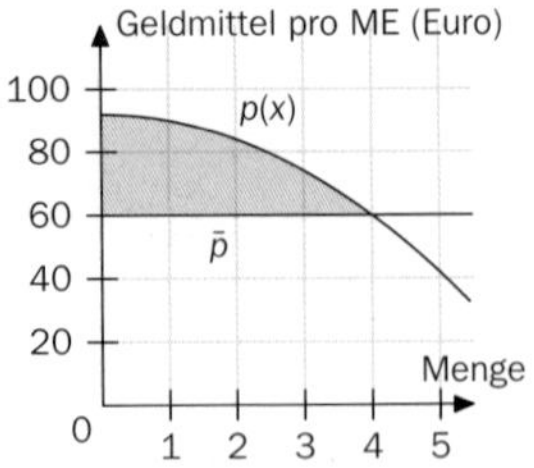

d) $KR = 36$ €

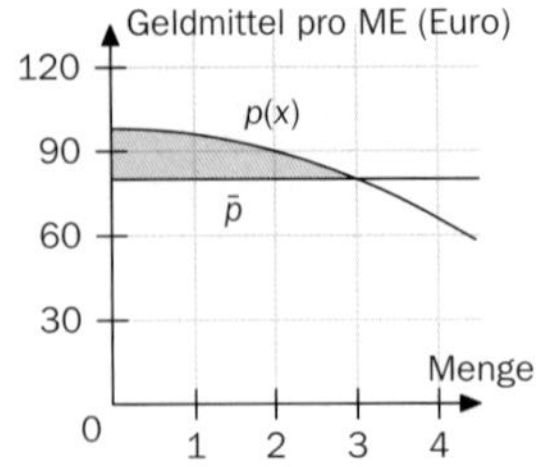

247 Im Buch ausgeführt.

248 Im Buch ausgeführt.

249 $20 \cdot \sqrt{30} \approx 109{,}54$ m

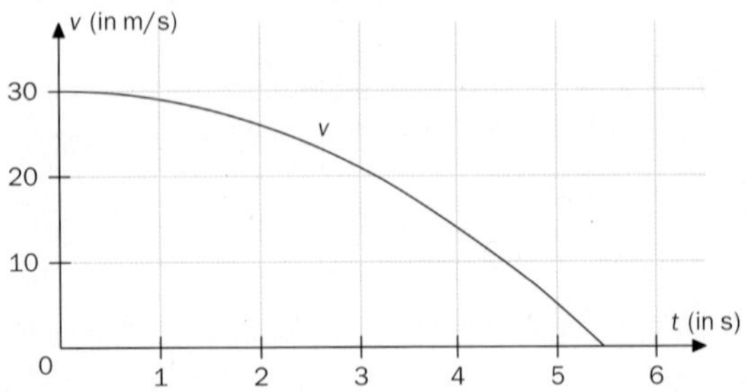

250 **a)** $v(t) = 40 - \frac{x^2}{10}$

b) $\frac{1600}{3} \approx 533{,}33$ m

c) Die Fläche unter dem Graphen im Zeitintervall $[t_1; t_2]$ gibt an, welche Wegstrecke das Auto in diesem Zeitraum zurückgelegt hat.

d) $v'(t) = a(t) = -\frac{x}{5}$

$v'(t)$ gibt die Änderung der Geschwindigkeit = die Beschleunigung an.

251

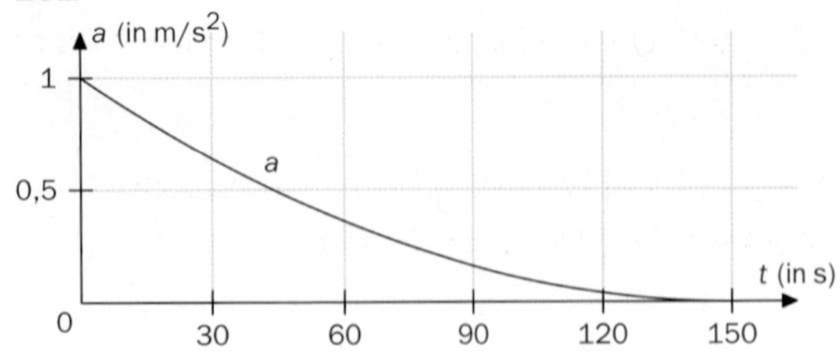

a) 150 s

b) $v(t) = \int a(t)\,dt = \frac{t^3}{67\,500} - \frac{t^2}{150} + t$

$v(150) = 50$ m/s $= 180$ km/h

c) $s(t) = \int v(t)\,dt = \frac{t^4}{270\,000} - \frac{t^3}{450} + \frac{t^2}{2}$

$s(150) = 5625$ m

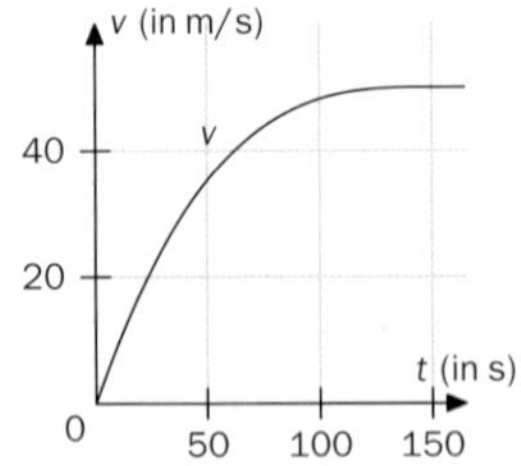

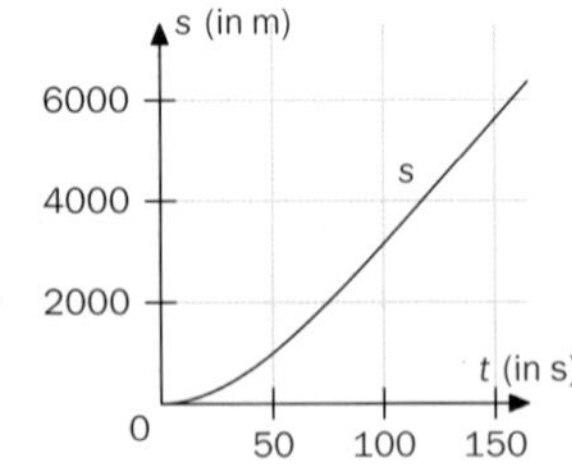

d) 39,48 s

252 Im Buch ausgeführt.

253 Im Buch ausgeführt.

254 Im Buch ausgeführt.

255 $\frac{1}{400} = 0{,}0025$ J

256

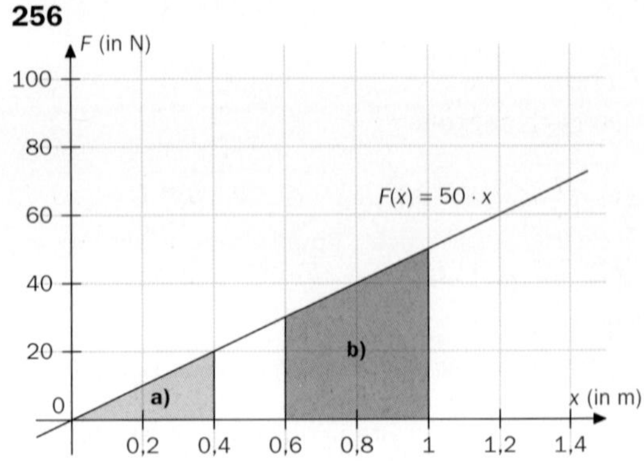

Im zweiten Fall ist die Feder bereits gedehnt, für jede weitere Dehnung ist somit mehr Arbeit notwendig, da $F(x)$ streng monoton wachsend ist.

257

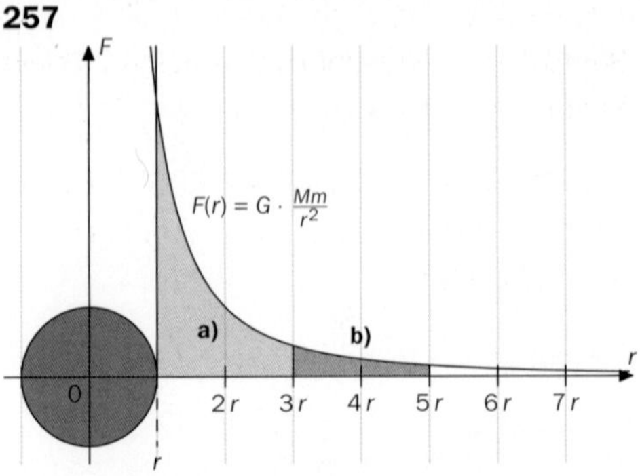

In der zweiten Aufgabenstellung befindet sich die Sonde bereits weiter von der Oberfläche entfernt, die Gravitation wirkt nicht mehr so stark. Deshalb ist in diesem Fall die erforderliche Arbeit geringer.

258 $W = 5000 \cdot G \cdot M \cdot \int_{6{,}4 \cdot 10^6}^{1{,}34 \cdot 10^7} \frac{1}{r^2}\,dr$

$W \approx 1{,}63 \cdot 10^{11}\,J = 163\,GJ$

259 $W = 500 \cdot G \cdot M \cdot \int_{6{,}4 \cdot 10^6}^{\infty} \frac{1}{r^2}\,dr$

$W \approx 3{,}13 \cdot 10^{10}\,J = 31{,}3\,GJ$

260 a) $\frac{1-e^{-5}}{2} \approx 0{,}50\,C$

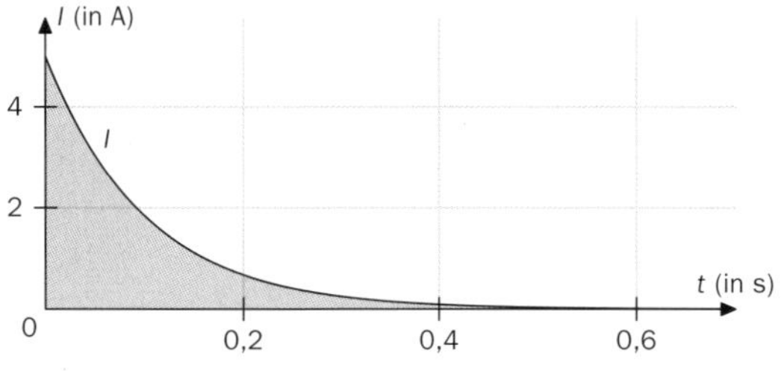

b) $I'(t) = -50 \cdot e^{-10t}$

Je größer der Betrag von $I'(t)$, umso größer ist die Änderungsrate. Die maximale Änderungsrate für $t \geq 0$ liegt somit bei $t = 0$ mit $I'(0) = -50$.

261 Im Buch ausgeführt.

262 Im Buch ausgeführt.

263 a) $\frac{7}{3} \approx 2{,}33$ **b)** 18 **c)** 2 **d)** 0

264 a) $\frac{\ln 3}{2} \approx 0{,}55$ **b)** $\frac{\sqrt{17}-1}{2} \approx 1{,}56$

c) $\frac{e-e^{-1}}{2} \approx 1{,}18$ **d)** $\frac{2}{\pi} \approx 0{,}64$

265 a) $\int x \cdot \ln x\,dx = \frac{x^2}{2} \cdot (\ln x - \frac{1}{2})$; $\bar{x} \approx 3{,}53$

Hinweis: Berechne die Stammfunktion durch partielle Integration mit $f' = x$ und $g = \ln x$.

b) $\int x^2 \cdot \ln x\,dx = \frac{x^3}{3} \cdot (\ln x - \frac{1}{3})$; $\bar{x} \approx 3{,}50$

Hinweis: Berechne die Stammfunktion durch partielle Integration mit $f' = x^2$ und $g = \ln x$.

c) $\int x \cdot e^{-x}\,dx = -e^{-x} \cdot (1 + x)$; $\bar{x} \approx 0{,}27$

Hinweis: Berechne die Stammfunktion durch partielle Integration mit $f' = e^{-x}$ und $g = x$.

266 Die Funktionen haben jeweils eine Nullstelle in der Mitte des angegebenen Intervalls und sind symmetrisch bezüglich dieses Punktes.

a)

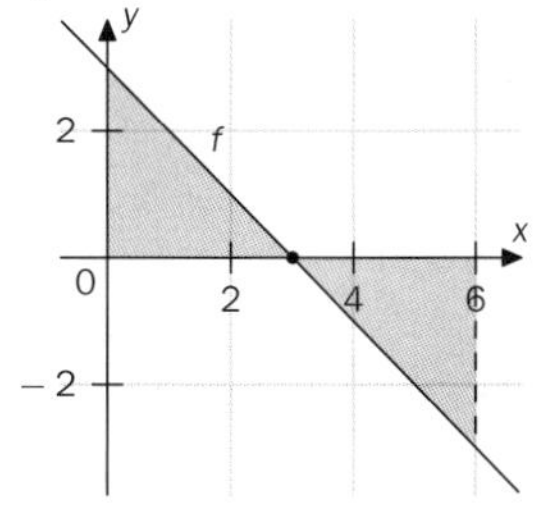

b)

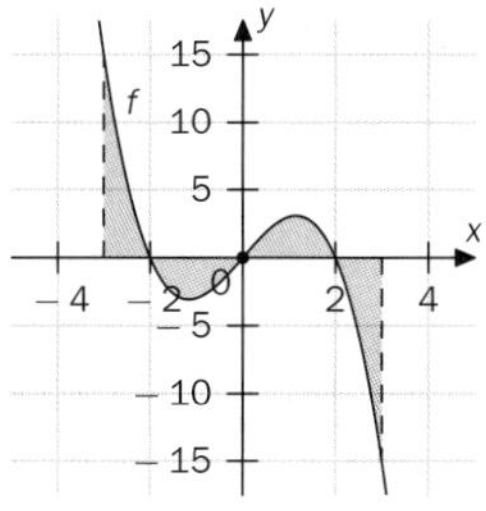

c)

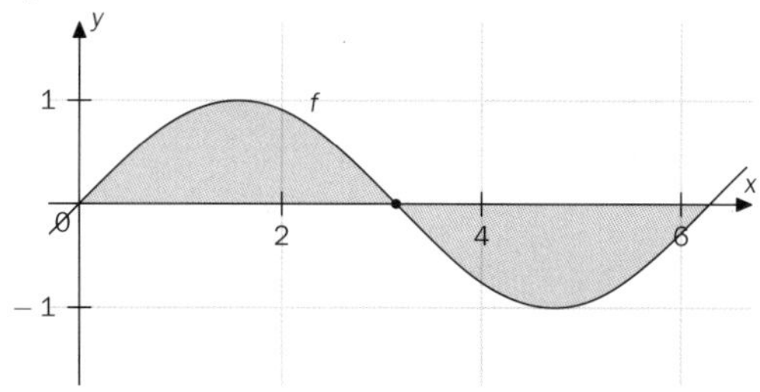

267 Der Satz besagt:

Wenn f in $[a; b]$ stetig und differenzierbar ist, dann existiert mindestens ein $x_0 \in [a; b]$, sodass gilt:

$f'(x_0) = \frac{f(b) - f(a)}{b - a}$

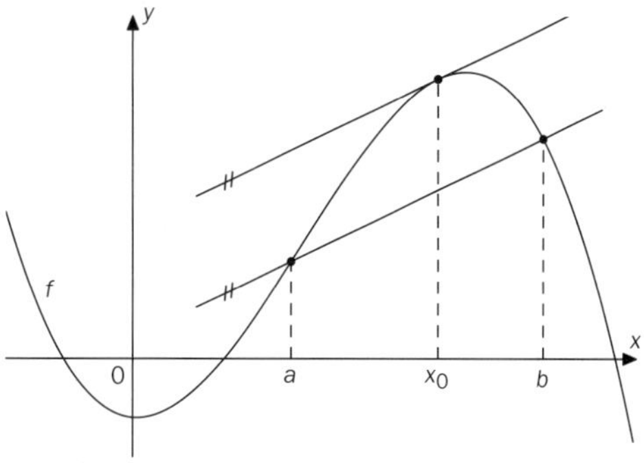

Im Intervall $[a; b]$ existiert somit mindestens ein Punkt, in dem die Tangentensteigung gleich der Steigung der Sekante zwischen den Punkten $(a|f(a))$ und $(b|f(b))$ ist.

268 a) $1\,m^3/s = 86\,400\,m^3/d$

b) $6\,m^3/s = 518\,400\,m^3/d$

c) $\left(\int_0^5 f(t)\,dt + \int_5^8 1\,dt\right) \cdot 86\,400 = 1\,411\,200\,m^3$

d) $\frac{8}{3} \approx 2{,}67\,m^3/s$

e) Bis $t = 5$ ist das Modell quadratisch, danach ist es linear.

269 a) $N_1(-2|0)$; $N_2(2|0)$; $A = \frac{32}{3} \approx 10{,}67$

b) $N_1(1|0)$; $N_2(3|0)$; $A = \frac{20}{3} \approx 6{,}67$

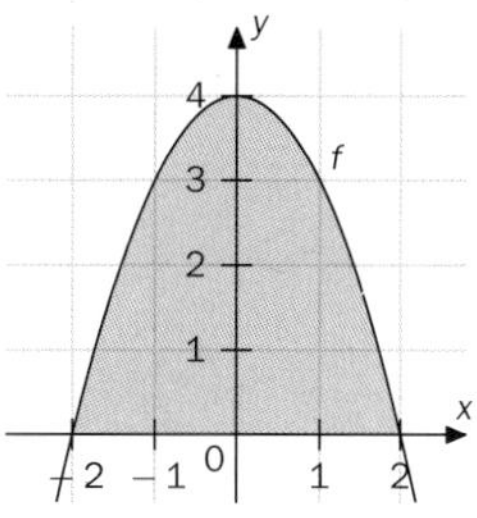

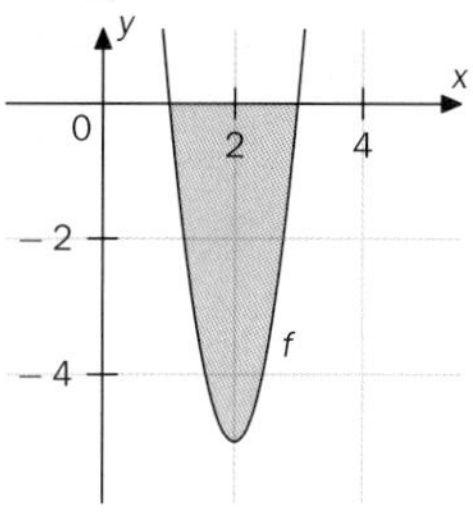

c) $N_1(-2|0)$; $N_2(1|0)$; $A = \frac{27}{4} = 6{,}75$

d) $N_1(2|0)$; $N_2(3|0)$; $A = \frac{1}{12} \approx 0{,}08$

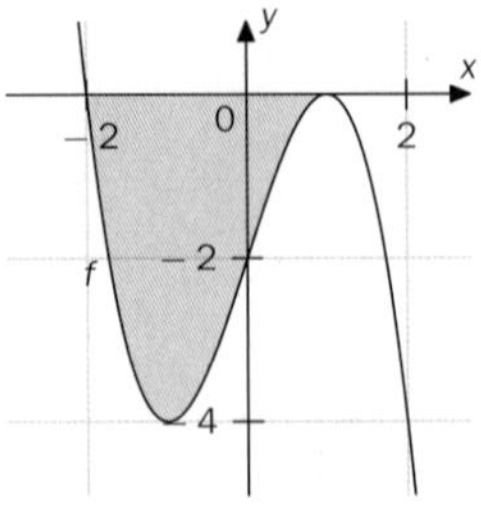

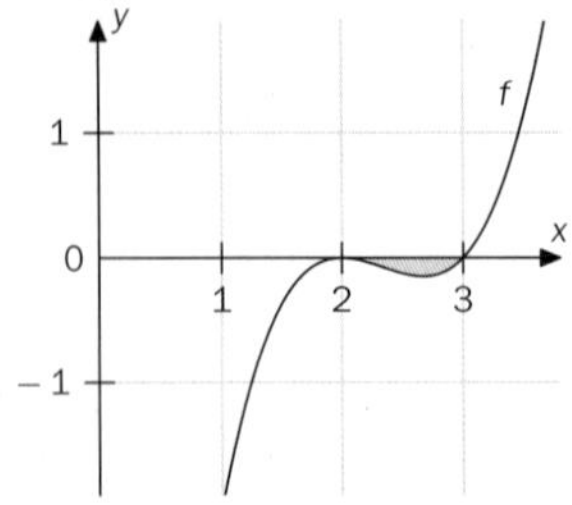

270 a) $S_1(-2|2)$; $S_2(4|8)$; $A = 18$

b) $S_1(-1|-1)$; $S_2(1|1)$; $A = \frac{20}{3} \approx 6{,}67$

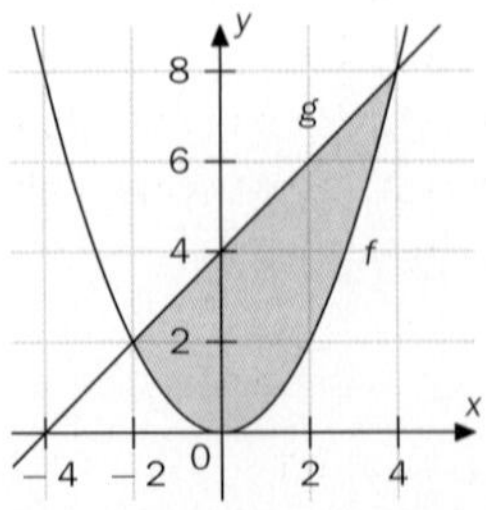

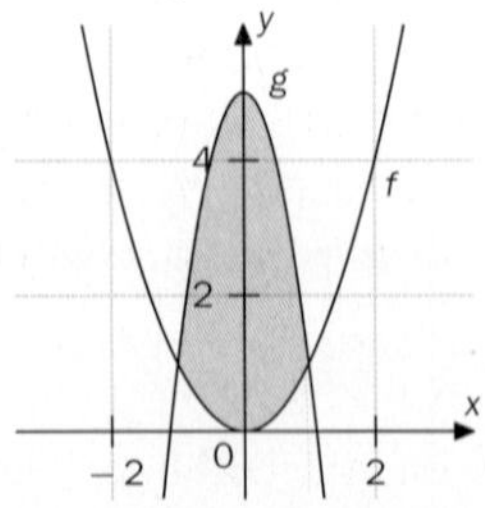

c) $S_1(-2|0)$; $S_2(-1|2)$; $S_3(2|8)$;
$A = \frac{71}{6} \approx 11{,}83$

d) $S_1(-2|0)$; $S_2(-1|3)$; $S_3(2|0)$;
$A = \frac{71}{6} \approx 11{,}83$

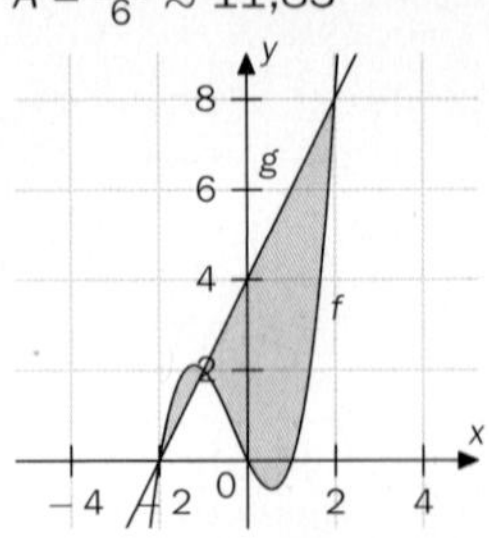

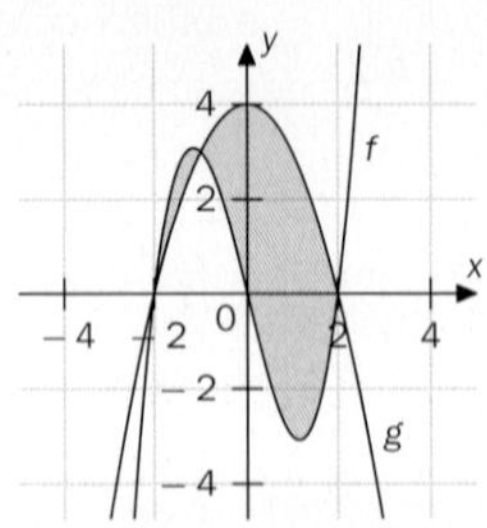

271 a) $\left|\int_{-2}^{2} \frac{x^2}{2} - 2\,\mathrm{d}x\right| = \frac{16}{3} \approx 5{,}33\,\mathrm{m}^2$

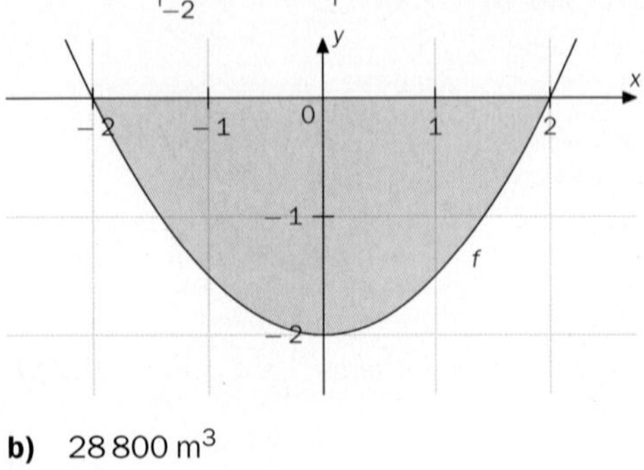

b) $28\,800\,\mathrm{m}^3$

272 a) $a = 3$ **b)** $a = 2$

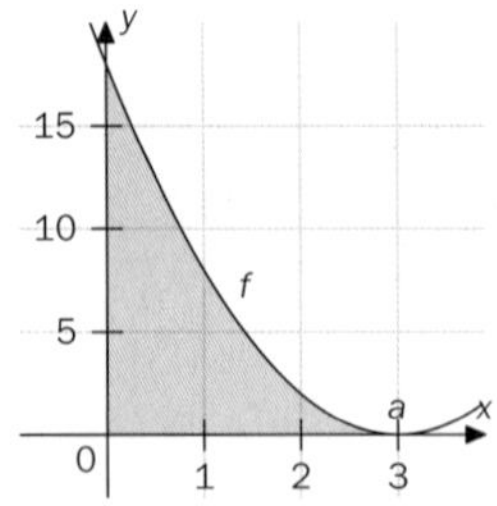

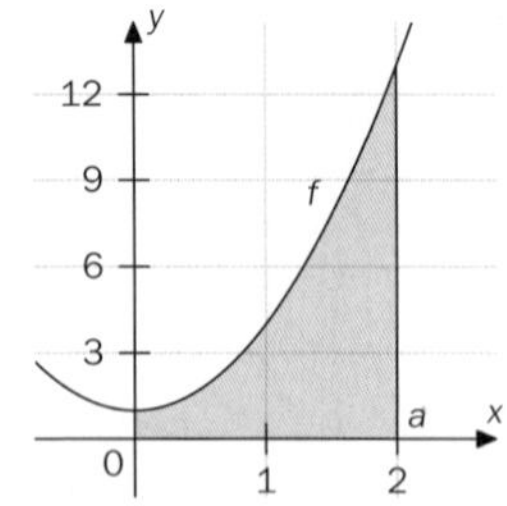

273 $S_1\left(-\sqrt{\frac{a}{2}}\middle|\frac{a}{2}\right)$; $S_2\left(\sqrt{\frac{a}{2}}\middle|\frac{a}{2}\right)$

$\int_{-\sqrt{a/2}}^{\sqrt{a/2}} a - 2x^2\,\mathrm{d}x = 9 \quad \Rightarrow \quad a = \frac{9}{2} = 4{,}5$

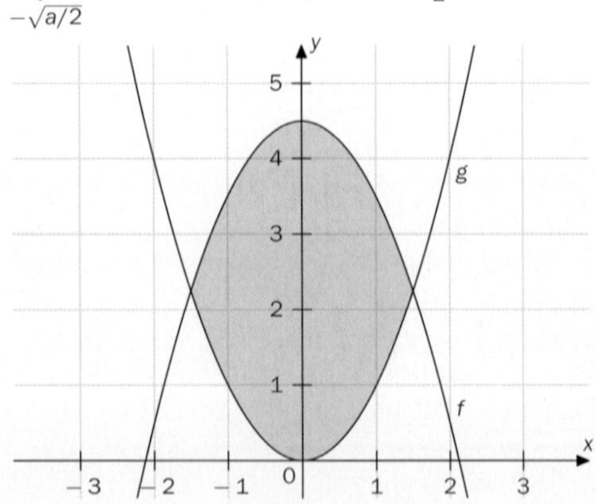

274 $N_2(4|0)$; $\int_0^a f(x)\,\mathrm{d}x = \int_a^4 f(x)\,\mathrm{d}x$

$a^3 - 48a + 64 = 0 \quad \Rightarrow \quad a \approx 1{,}39$

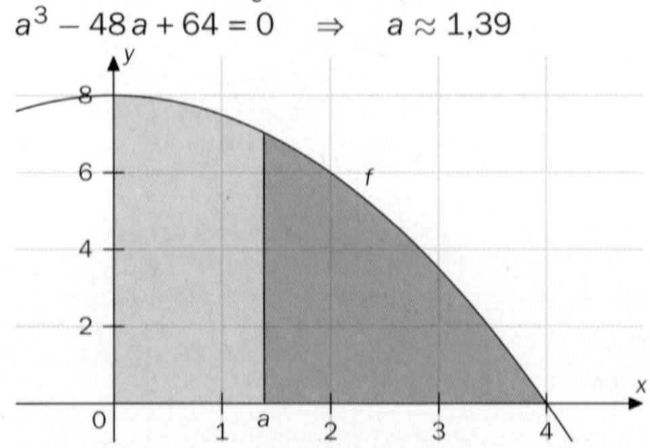

275 $P(2|0)$; t: $y = -4x + 8$

$A = \int_0^2 t(x) - f(x)\,\mathrm{d}x = 4$

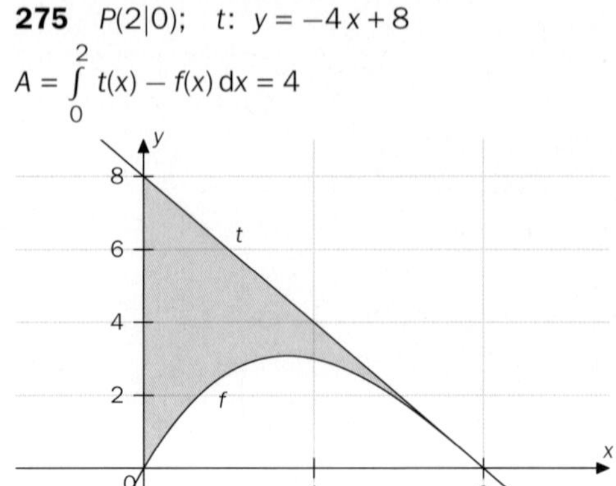

276 $f(x) = ax^2 + bx + c$

$N_1(-1|0) \quad \Rightarrow \quad a - b + c = 0$

$N_2(3|0) \quad \Rightarrow \quad 9a + 3b + c = 0$

$\int\limits_{-1}^{3} ax^2 + bx + c\,dx = 32 \quad \Rightarrow \quad \frac{7}{3}a + b + c = 8$

$\Rightarrow a = -3; \quad b = 6; \quad c = 9; \quad f(x) = -3x^2 + 6x + 9$

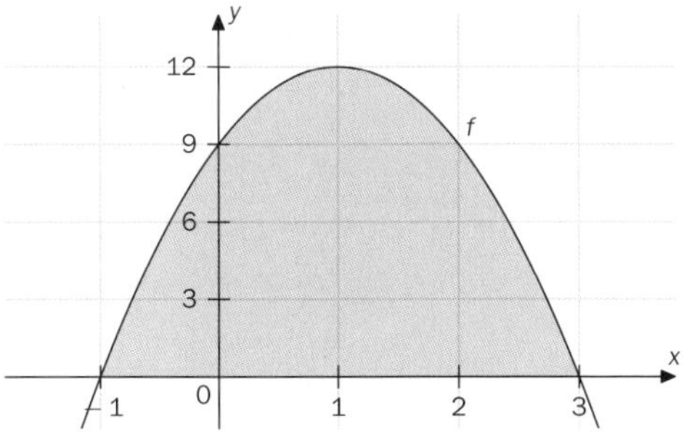

277

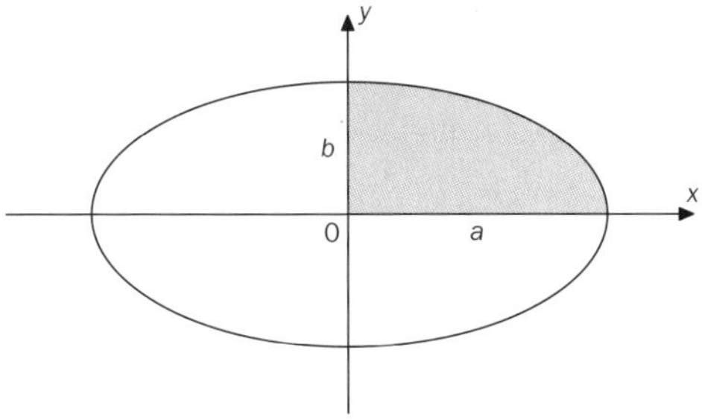

$y = \pm b \cdot \sqrt{1 - \frac{x^2}{a^2}}$

Wir berechnen zunächst ein Viertel der Fläche:

$A_{1/4} = b \cdot \int\limits_{0}^{a} \sqrt{1 - \frac{x^2}{a^2}}\,dx$

Das Integral lässt sich mit der Substitution $x = a \cdot \sin t$ berechnen, aus $(\sin t)^2 + (\cos t)^2 = 1$ folgt:

$A_{1/4} = ab \cdot \int\limits_{t_1}^{t_2} (\cos t)^2\,dt$

Mit $\cos(2t) = 2 \cdot (\cos t)^2 - 1$ ergibt sich:

$A_{1/4} = \frac{ab}{2} \cdot \left(t + \frac{\sin(2t)}{2}\right)$

Die Rücksubstitution ergibt $A_{1/4} = \frac{ab\pi}{4}$ und somit:

$A = ab\pi$

278 $V = \pi \cdot \int\limits_{0}^{10} \frac{1}{z+4}\,dz = \pi \cdot \ln(\frac{7}{2}) \approx 3{,}94$

279 **a)** $f(z) = (12 - z) \cdot \sqrt{\frac{z}{2} + 4}$

b) $\frac{2536}{15} \approx 169{,}07\ m^3$

280 **a)** $\frac{52}{3}\pi \approx 54{,}45$ **b)** $8\pi \approx 25{,}12$

c) $\frac{4}{5}\pi \approx 2{,}51$ **d)** $\frac{16}{5}\pi \approx 10{,}05$

281 **a)** $\frac{104}{3}\pi \approx 108{,}91$ **b)** $\frac{32}{5}\pi \approx 20{,}11$

c) $\frac{4}{5}\pi \approx 2{,}51$ **d)** $16\pi \approx 50{,}27$

282 $32\,800\,\pi \approx 103\,044{,}2$

283 $V_x = 48\pi \approx 150{,}80; \quad V_y = 64\pi \approx 201{,}06$

$V_x : V_y = 3 : 4$

284 **a)** $2\pi \approx 6{,}28\ cm^3$

b) $\pi \cdot \int\limits_{0}^{a} 4y\,dy = 5 \quad \Rightarrow \quad a = \sqrt{\frac{5}{2\pi}} \approx 0{,}89\ cm$

285 **a)** $324\pi \approx 1017{,}88\ cm^3$

b) $S_{1,2}(\pm\sqrt{6}|\sqrt{26} - 1) \approx S_{1,2}(2{,}45|4{,}10)$

$V_{Sockel} \approx 197{,}03\ cm^3$

286 **a)** Nullstellen von $f(x)$: $x_{1,2} = \pm\sqrt{5}$

Wenn sich $f(x)$ und der Kreis berühren, haben sie eine gemeinsame Tangente t: $y = \frac{\sqrt{5}}{2} \cdot x - \frac{5}{2}$

Der Kreismittelpunkt liegt auf der y-Achse und auf jener Geraden g, die im rechten Winkel auf t steht und durch den Berührpunkt (= die Nullstelle) geht:

g: $y = -\frac{2 \cdot \sqrt{5}}{5} \cdot x + 2$

$x = 0$ ergibt: $M(0|2)$

r ist die Distanz von M zur Nullstelle: $r = 3$

$\Rightarrow k$: $x^2 + (y-2)^2 = 9$

b) $V = \pi \cdot \left(\int\limits_{-2}^{0} \frac{5}{\sqrt{1 - \frac{8}{5}y}}\,dy + \int\limits_{0}^{5} 9 - (y-2)^2\,dy\right)$

$V \approx 125{,}32\ m^3$

287 **a)** Parabel: $y = \frac{1}{5}x^2 + 4$

Kegelstumpf: $y = 3x - 12$

$V = \pi \cdot \left(\int\limits_{0}^{24} \left(\frac{y+12}{3}\right)^2 dy - \int\limits_{4}^{24} 5y - 20\,dy\right)$

$V = 664\pi \approx 2086{,}02\ cm^3$

$m = 1660\pi \approx 5215{,}04\ g$

b) $\pi \cdot \int\limits_{4}^{a} 5y - 20\,dy = 1000 \quad \Rightarrow \quad a = 4 + \frac{20}{\sqrt{\pi}}$

Füllhöhe: $\frac{20}{\sqrt{\pi}} \approx 11{,}28\ cm$

288 **a)** Hyperbel: $\frac{x^2}{4} - \frac{y^2}{64} = 1$

Parabel: $y = -\frac{6}{25}x^2 - \frac{9}{2}$

$V = \pi \cdot \left(\int\limits_{-6}^{16} 4 + \frac{y^2}{16}\,dy - \int\limits_{-6}^{-4{,}5} -\frac{25}{6}y - \frac{75}{4}\,dy\right)$

$V = \frac{8311}{48}\pi \approx 543{,}95\ cm^3$

b) $\pi \cdot \left(\int\limits_{-6}^{a} 4 + \frac{y^2}{16}\,dy - \int\limits_{-6}^{-4{,}5} -\frac{25}{6}y - \frac{75}{4}\,dy\right) = 500$

$\Rightarrow a \approx 15{,}10$

Die Markierung muss 9 Millimeter unter dem Rand angebracht werden.

289 **a)** Integralgrenzen: $\frac{32}{3}$ und $\frac{50}{3}$

$V = 123\pi \approx 386{,}42\ l$

b) $\pi \cdot \int\limits_{32/3}^{a} \frac{3}{2}y\,dy = 100 \quad \Rightarrow \quad a \approx 12{,}50$

Der Füllstand beträgt 1,83 dm.

290 a) $\frac{24}{5} = 4{,}8$

b) $y' = \frac{\sqrt{3}}{2} \cdot \left(\frac{1-x}{\sqrt{x}}\right)$; $\quad L = 2 \cdot \int\limits_0^3 \sqrt{1 + (y')^2}\,dx \approx 8{,}15$

c) $\frac{9}{4}\pi \approx 7{,}07$

d) $O = \pi \cdot \int\limits_0^3 (3-x) \cdot \sqrt{x^2 - \frac{2}{3}x + 1}\,dx \approx 18{,}1957$

Hinweis: Berechne die Integrale in b) und d) mit einem Näherungsverfahren.

291 a) Stillstand bei $t = 0$ und $t = 4$, zu diesen Zeitpunkten ist auch die Geschwindigkeit mit $v(t) = 0$ am geringsten. Die höchste Geschwindigkeit im Intervall $[0; 6]$ wird bei $t = 6$ mit $v(6) = 24$ m/s erreicht.

b) Das Fahrzeug beschleunigt von $t = 0$ bis zum Hochpunkt bei $t = \frac{4}{3}$, bremst dann bis $t = 4$ und beschleunigt anschließend wieder.

c) $s(6) = \int\limits_0^6 v(t)\,dt = 36$ m

292 a) Der Beschleunigungsvorgang dauert 8 Sekunden, das Maximum liegt bei $t = 4$ mit $a(4) = 2\text{ m/s}^2$.

b) $v(t) = -\frac{t^3}{24} + \frac{t^2}{2} + 15$

$v(8) = \frac{77}{3} \approx 25{,}67$ m/s $= 92{,}4$ km/h

Die Höchstgeschwindigkeit wird nicht überschritten.

c) $s(8) = \int\limits_0^8 v(t)\,dt = \frac{488}{3} \approx 162{,}67$ m

293 a) Der Beschleunigungsvorgang dauert 90 Sekunden.

b) $v(t) = \frac{t^3}{24\,300} - \frac{t^2}{90} + t$

$v(90) = 30$ m/s $= 108$ km/h

c) $s(t) = \frac{t^4}{97\,200} - \frac{t^3}{270} + \frac{t^2}{2}$; $\quad s(90) = 2025$ m

d) $t \approx 11{,}38$ s

294 a) 294,3 J **b)** 42 J

295 16 MJ

296 846,45 MJ

297 a) 0,64 C

b) $I'(t) = \frac{3}{2} \cdot e^{-\frac{1}{2}t}$

Die Ableitung ist streng monoton fallend, aber immer > 0, die Änderung ist somit bei $t = 0$ maximal.

298 a) $1\text{ m}^3/\text{s} = 86\,400\text{ m}^3/\text{d}$

b) maximale Durchflussmenge bei $f(3) \approx 4{,}68\text{ m}^3/\text{s}$

c) $1\,540\,209\text{ m}^3$

d) $\bar{f} = \frac{1}{6} \cdot \int\limits_2^8 f(x)\,dx \approx 2{,}64\text{ m}^3/\text{s}$

299 a) 1895

b) 4935

c) Das Integral gibt die mittlere Anzahl der Supportanfragen pro Tag in den ersten 30 Tagen an.

d) Die Gleichung berechnet einen Zeitpunkt t_1, sodass die Hälfte aller Supportanfragen der ersten 30 Tage im Intervall $[0; t_1]$ liegt.

300 a) $\int\limits_{10}^{20} A(k)\,dk = 200$ ist die Anzahl der Klassen mit 10 bis 20 Schülern.

$\int\limits_{10}^{30} A(k)\,dk = 650$ ist die Anzahl der Klassen mit 10 bis 30 Schülern.

b) 1) Das Integral gibt die Anzahl der Klassen mit 25 bis 30 Schülern an.

2) Das Integral gibt an, wie viele Klassen mit k Schülern es im Durchschnitt gibt, wenn k aus dem Intervall $[10; 30]$ gewählt wird.

3) Das Integral gibt an, wie viele Klassen mit k Schülern es im Durchschnitt gibt, wenn k aus dem Intervall $[25; 30]$ gewählt wird.

4) Das Integral gibt die Gesamtanzahl der Schüler aller Klassen mit 10 bis 30 Schülern an.

301 —

302 a) ≈ 29 m

b)

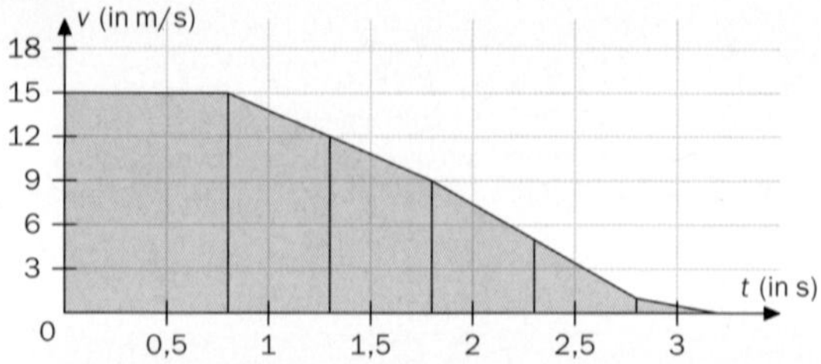

Zur Berechnung der zurückgelegten Strecke wird z.B. eine Annäherung durch Trapeze durchgeführt. Auch bei stetigen Funktionen kann so eine Annäherung durchgeführt werden. Wenn dann die Breite der Streifen immer kleiner gemacht wird, ergibt $\lim\limits_{\Delta t \to 0}$ schließlich das Integral.

303 $A = \int\limits_0^{60} f(t)\,dt$ entspricht der Gesamtanzahl der Impulse in den ersten 60 Minuten.

304 —

305 1) Die dritte Möglichkeit ist richtig.

2) Die zweite Möglichkeit ist richtig.

306 Ⓒ Ⓑ

Ⓓ Ⓐ

307 Die Antworten 1, 4 und 5 sind richtig.

Thema: Das Prinzip von Cavalieri

T1 Alle schiefen Prismen mit gleicher Grundfläche und gleicher Höhe haben auch das gleiche Volumen. Dasselbe gilt auch für alle schiefen Pyramiden mit gleicher Grundfläche und gleicher Höhe.

T2 Alle Dreiecke mit gleicher Basislänge c und gleicher Höhe h_c haben den gleichen Flächeninhalt, da der Querschnitt in jeder beliebigen Höhe gleich lang ist.

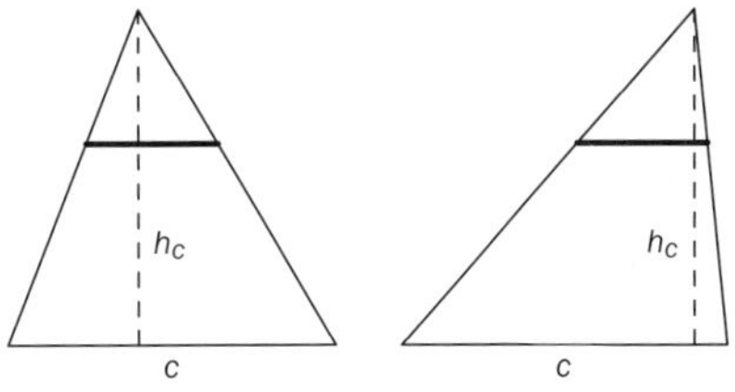

T3 Für alle x gilt: $f(x) - g(x)$ ist dieselbe Länge wie $h(x)$. Die Länge des Intervalls ist ebenfalls gleich. Somit ist auch der Flächeninhalt gleich.

T4 Die linke Seite entspricht der Berechnung von $\int_a^b h(x)\,dx$, während auf der rechten Seite die Differenz der beiden Flächen unter den Funktionen $f(x)$ und $g(x)$ gebildet wird, die Ergebnisse sind aber gleich.

T5 $\pi \cdot \int_a^b [y_1^2 - y_2^2]\,dx = \pi \cdot \int_a^b y_1^2\,dx - \pi \cdot \int_a^b y_2^2\,dx$

3. Wahrscheinlichkeitsrechnung

308 Im Buch ausgeführt.

309 Im Buch ausgeführt.

310 a)

x	$P(X = x)$
0	0,1296
1	0,3456
2	0,3456
3	0,1536
4	0,0256

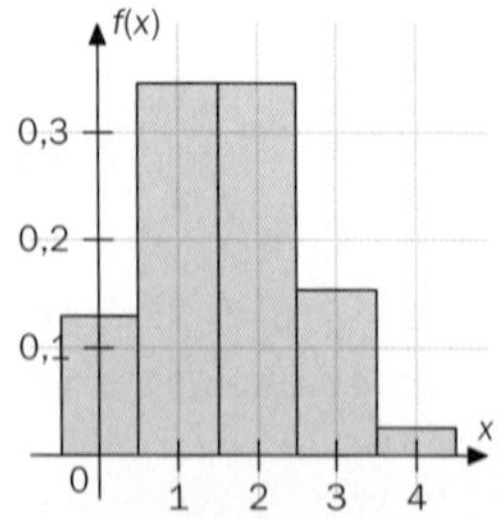

b)

x	$P(X = x)$
0	0,0625
1	0,2500
2	0,3750
3	0,2500
4	0,0625

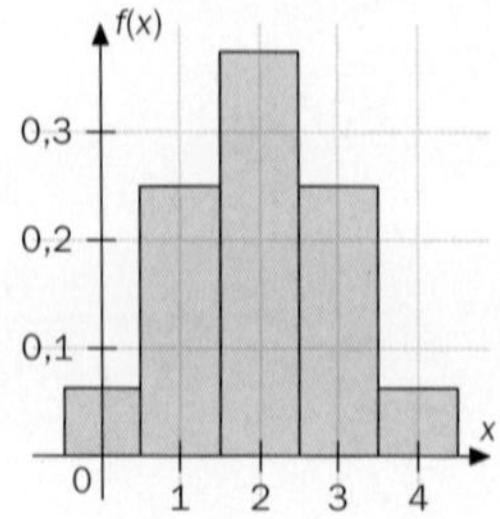

c)

x	$P(X = x)$
0	0,0778
1	0,2592
2	0,3456
3	0,2304
4	0,0768
5	0,0102

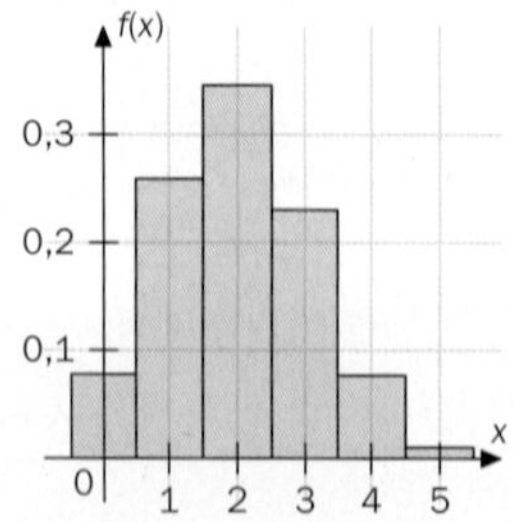

d)

x	$P(X = x)$
0	0,0313
1	0,1563
2	0,3125
3	0,3125
4	0,1563
5	0,0313

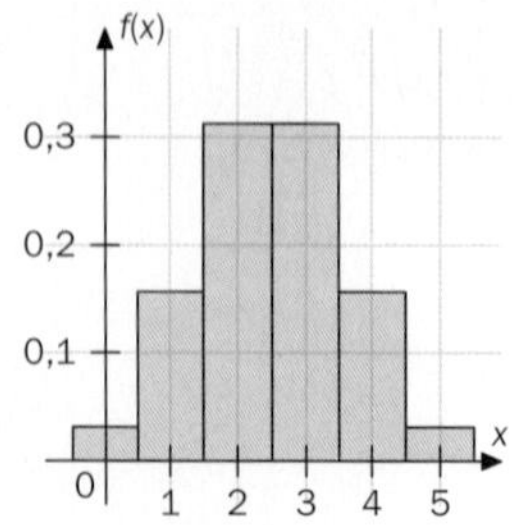

311 a) $f(4) + f(5) + f(6) + f(7) + f(8)$
b) $f(2) + f(3) + f(4)$
c) $f(7) + f(8)$
d) $f(0) + f(1) + f(2)$

312 a) $f(3)+f(4)+f(5)+f(6)+f(7) = 1-(f(0)+f(1)+f(2))$
b) $f(11) + f(12)$

313 a) $f(a + 1) + \ldots + f(b)$
b) $f(a) + \ldots + f(b - 1)$
c) $f(a + 1) + \ldots + f(b - 1)$
d) $f(a + 1) + \ldots + f(n)$

314 a) 43,82 % **b)** 94,27 % **c)** 66,52 %

315

x	$P(X = x)$
0	0,2441
1	0,4395
2	0,2637
3	0,0527

$E(X) = \frac{9}{8} = 1{,}125$; $V(X) \approx 0{,}703$

316

x	$P(X = x)$
0	$1 \cdot 10^{-8}$
1	$7 \cdot 10^{-7}$
2	$2 \cdot 10^{-5}$
3	0,0004
4	0,0046
5	0,0331
6	0,1488
7	0,3826
8	0,4305

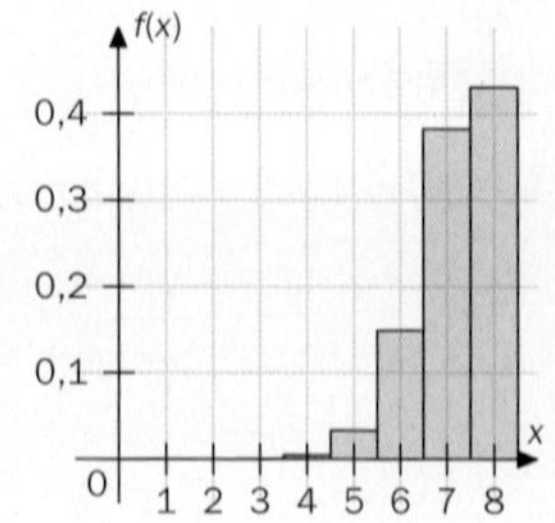

a) 43,05 %
b) 81,31 %

317 a) 33,24 % **b)** 66,76 % **c)** 94,01 %

318 a) $E(X) = 7{,}5$ **b)** $V(X) = 6{,}375$

319 a) 57,25 % **b)** 85,17 % **c)** 4,42 %
d) 17,95 %

320 Im Buch ausgeführt.

321 a)

x	$F(x)$
0	0,1296
1	0,4752
2	0,8208
3	0,9744
4	1,0000

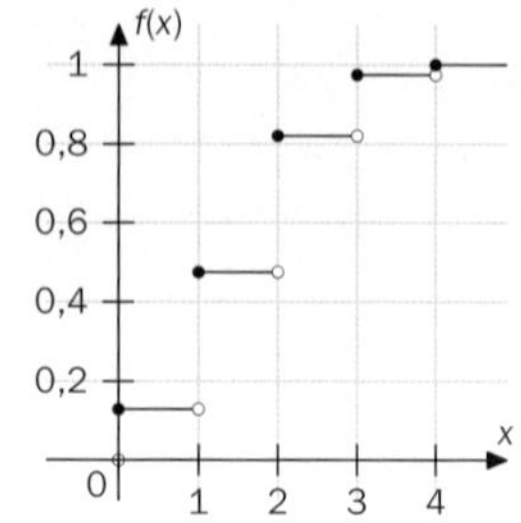

b)

x	$F(x)$
0	0,0625
1	0,3125
2	0,6875
3	0,9375
4	1,0000

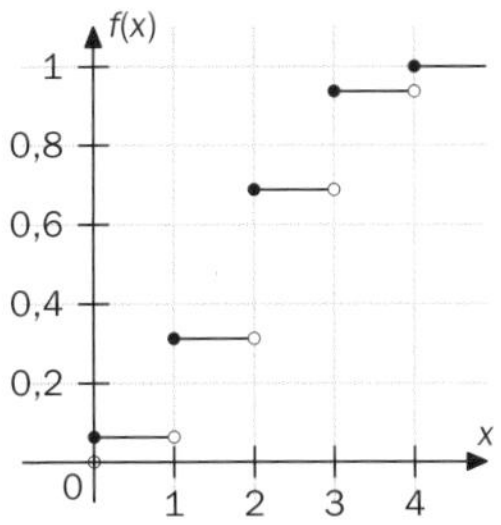

c)

x	$F(x)$
0	0,0778
1	0,3370
2	0,6826
3	0,9130
4	0,9898
5	1,0000

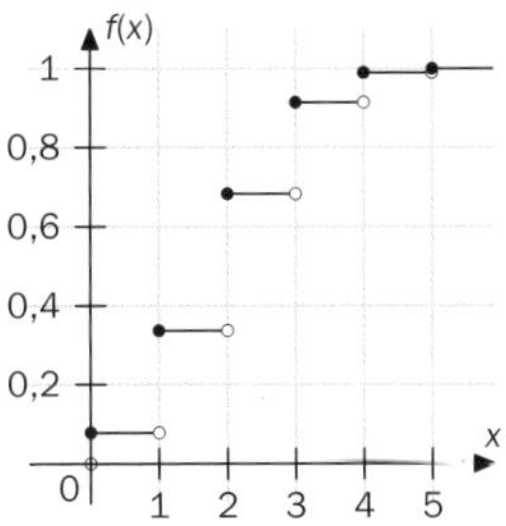

d)

x	$F(x)$
0	0,0313
1	0,1875
2	0,5000
3	0,8125
4	0,9688
5	1,0000

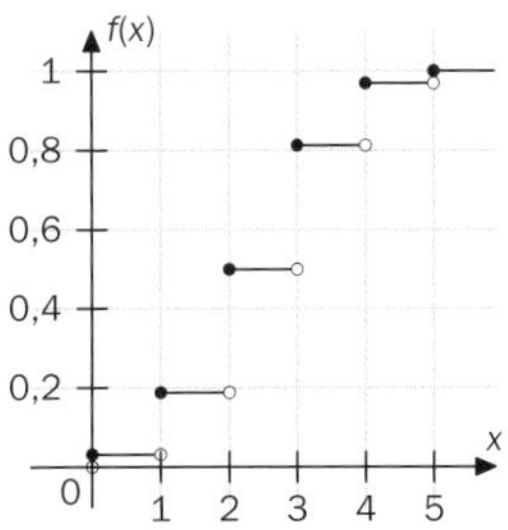

322 **a)** $F(8) - F(3)$ **b)** $F(4) - F(1)$
c) $F(6) - F(4)$ **d)** $F(7)$

323 **a)** $F(b)$ **b)** $F(b) - F(a)$ **c)** $F(b-1) - F(a)$
d) $F(b-1) - F(a-1)$

324 **a)**

x	$F(x)$
0	0,2441
1	0,6836
2	0,9473
3	1,0000

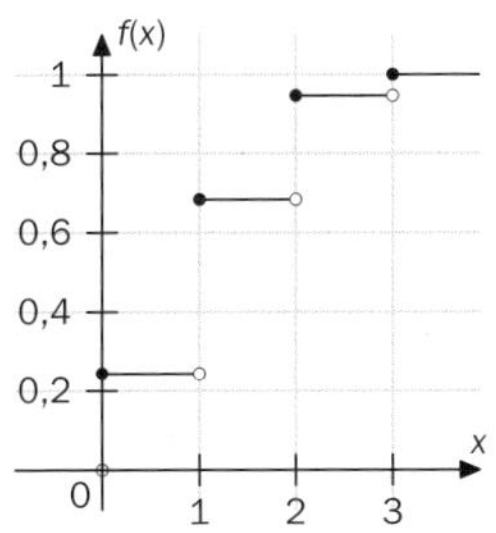

b)

x	$F(x)$
0	0,0527
1	0,3164
2	0,7559
3	1,0000

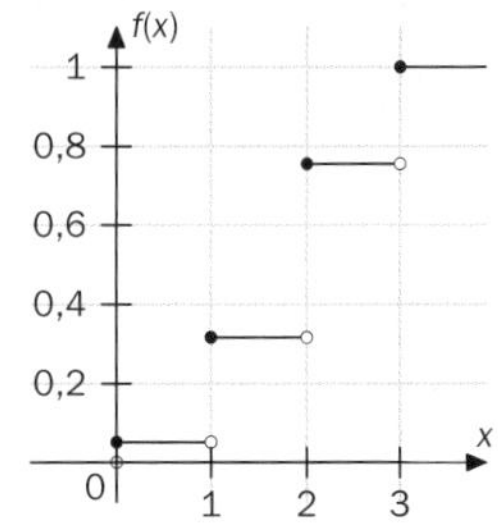

325

x	$F(x)$
0	0,0824
1	0,3294
2	0,6471
3	0,8740
4	0,9712
5	0,9962
6	0,9998
7	1,0000

a) 97,12 %
b) 87,40 %
c) 12,60 %

326

x	$F(x)$
0	0,7738
1	0,9774
2	0,9988
3	0,99997
4	0,999...
5	1,0000

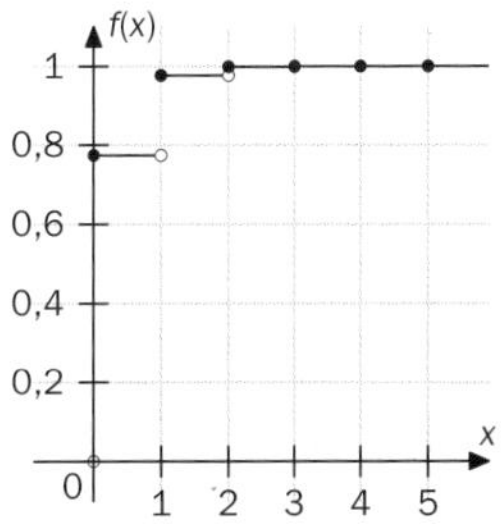

327

x	$F(x)$
0	0,3277
1	0,7373
2	0,9421
3	0,9933
4	0,9997
5	1,0000

a) 99,33 %
b) 94,21 %
c) 5,79 %

328

x	f(x)	F(x)
0	0,0184	0,0184
1	0,1046	0,1231
2	0,2473	0,3704
3	0,3118	0,6821
4	0,2211	0,9032
5	0,0836	0,9868
6	0,0132	1,0000

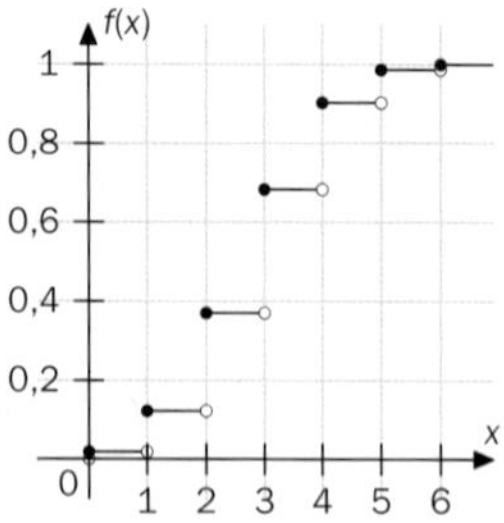

a) 68,21 % **b)** 62,96 % **c)** 62,96 %
d) 12,31 %

329

x	F(x)
0	0,0317
1	0,1584
2	0,3907
3	0,6488
4	0,8424
5	0,9456
6	0,9857

x	F(x)
7	0,9972
8	0,9996
9	0,99996
10	0,999...
11	0,999...
12	1,0000

a) 5,44 % **b)** 5,44 % **c)** 15,76 % **d)** 39,07 %

330 Im Buch ausgeführt.

331 Im Buch ausgeführt.

332 **a)** $\mu = 14$; $\sigma \approx 3{,}055$
exakt: 74,87 %; Näherung: 74,81 %
b) $\mu = 24$; $\sigma = 4$
exakt: 73,97 %; Näherung: 73,94 %
c) $\mu = 38$; $\sigma \approx 5{,}033$
exakt: 72,57 %; Näherung: 72,55 %

333 $P(X = a) = P(a \leq X \leq a) \approx \int\limits_{a-0{,}5}^{a+0{,}5} f(x)\,dx$

334 **a)** 7,63 %
b) $\mu = 30$; $\sigma \approx 3{,}873$
exakt: 48,10 %; Näherung: 48,14 %

335 $\mu = 12{,}5$; $\sigma \approx 3{,}062$; $P \approx 1{,}11\,\%$

336 $\mu = 8$; $\sigma \approx 2{,}817$ (≤ 3)!
a) exakt: 19,01 %; Näherung: 18,61 %
b) exakt: 14,01 %; Näherung: 14,09 %
c) exakt: 62,66 %; Näherung: 62,52 %

337 $f'(x) = \frac{\mu - x}{\sigma^3 \cdot \sqrt{2\pi}} \cdot e^{-\frac{1}{2}\cdot\left(\frac{x-\mu}{\sigma}\right)^2}$

$f'(x) = 0 \quad \Rightarrow \quad \frac{\mu - x}{\sigma^3 \cdot \sqrt{2\pi}} = 0 \quad \Rightarrow \quad x = \mu$

338 $f''(x) = \frac{1}{\sigma^3 \cdot \sqrt{2\pi}} \cdot \left(\left(\frac{x-\mu}{\sigma}\right)^2 - 1\right) \cdot e^{-\frac{1}{2}\cdot\left(\frac{x-\mu}{\sigma}\right)^2}$

$f''(x) = 0 \quad \Rightarrow \quad \left(\left(\frac{x-\mu}{\sigma}\right)^2 - 1\right) = 0 \quad \Rightarrow \quad x = \mu \pm \sigma$

339 Im Buch ausgeführt.

340 **a)** $\frac{1}{\sqrt{2\pi}} \cdot \int\limits_{2}^{3} e^{\frac{1}{2}\cdot(x-5)^2}\,dx \approx 2{,}14\,\%$

b) $\frac{1}{\sqrt{2\pi}} \cdot \int\limits_{3}^{4} e^{\frac{1}{2}\cdot(x-5)^2}\,dx \approx 13{,}59\,\%$

c) $\frac{1}{\sqrt{2\pi}} \cdot \int\limits_{4}^{5} e^{\frac{1}{2}\cdot(x-5)^2}\,dx \approx 34{,}13\,\%$

d) $\frac{1}{\sqrt{2\pi}} \cdot \int\limits_{5}^{6} e^{\frac{1}{2}\cdot(x-5)^2}\,dx \approx 34{,}13\,\%$

341 **a)** $\frac{1}{2{,}5 \cdot \sqrt{2\pi}} \cdot \int\limits_{12}^{13} e^{\frac{1}{2}\cdot\left(\frac{x-14}{2{,}5}\right)^2}\,dx \approx 13{,}27\,\%$

b) $\frac{1}{2{,}5 \cdot \sqrt{2\pi}} \cdot \int\limits_{13}^{14} e^{\frac{1}{2}\cdot\left(\frac{x-14}{2{,}5}\right)^2}\,dx \approx 15{,}54\,\%$

c) $\frac{1}{2{,}5 \cdot \sqrt{2\pi}} \cdot \int\limits_{14}^{15} e^{\frac{1}{2}\cdot\left(\frac{x-14}{2{,}5}\right)^2}\,dx \approx 15{,}54\,\%$

d) $\frac{1}{2{,}5 \cdot \sqrt{2\pi}} \cdot \int\limits_{15}^{16} e^{\frac{1}{2}\cdot\left(\frac{x-14}{2{,}5}\right)^2}\,dx \approx 13{,}27\,\%$

342 **a)** 2,27 %

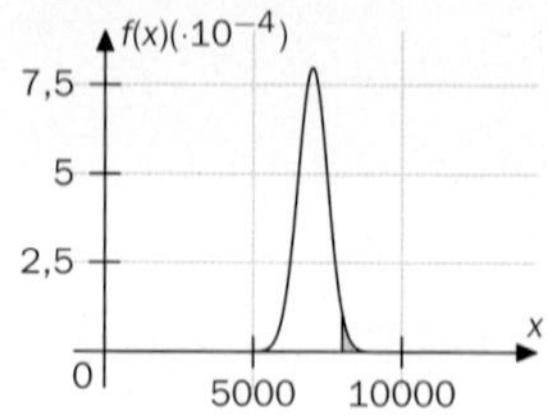

b) 47,73 %

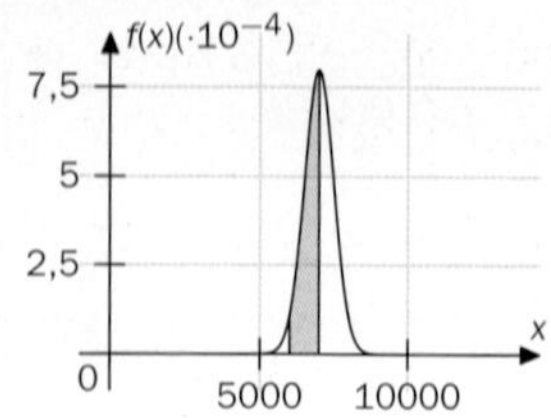

c) 95,45 %

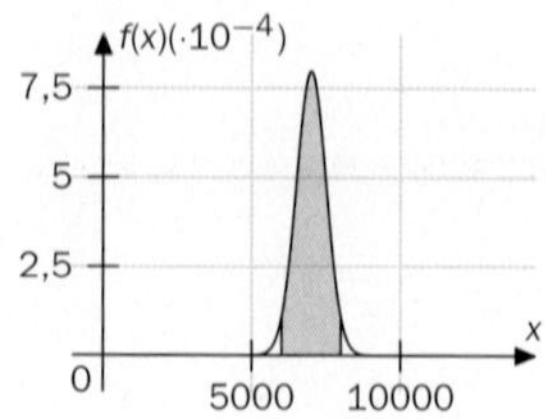

d) 50,00 %

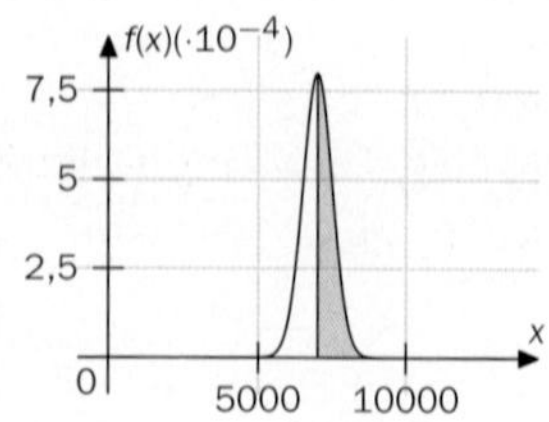

343 **a)** 44,36 %

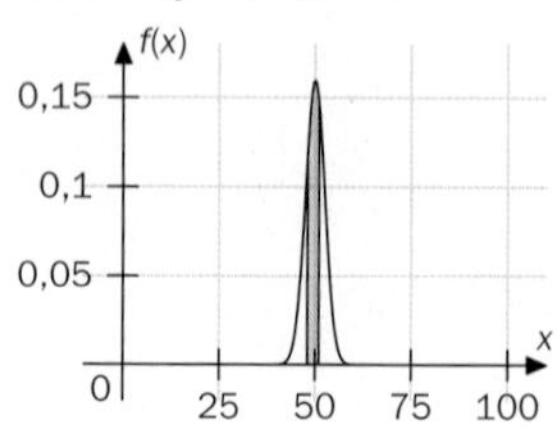

b) 21,19 %

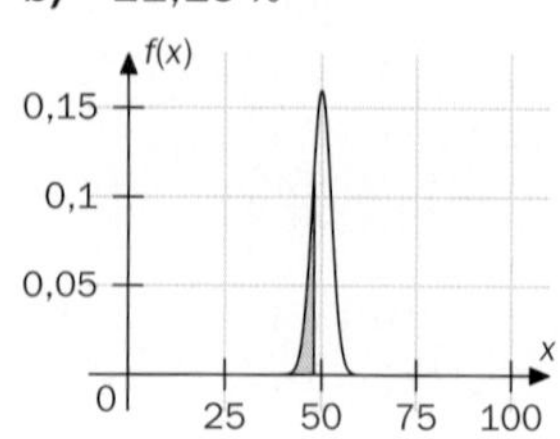

c) 34,46 %

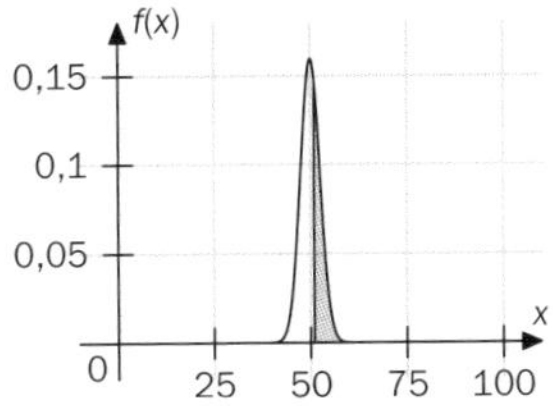

d) 0 %

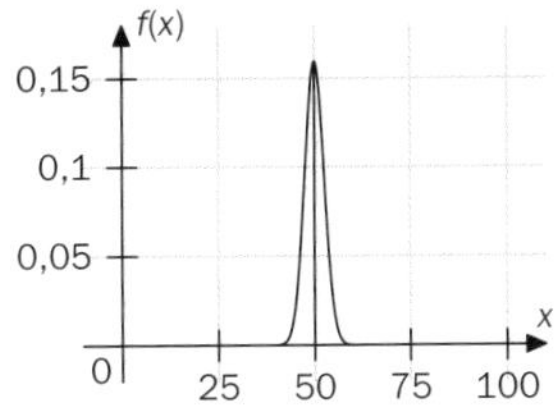

344 **a)** 47,73 %

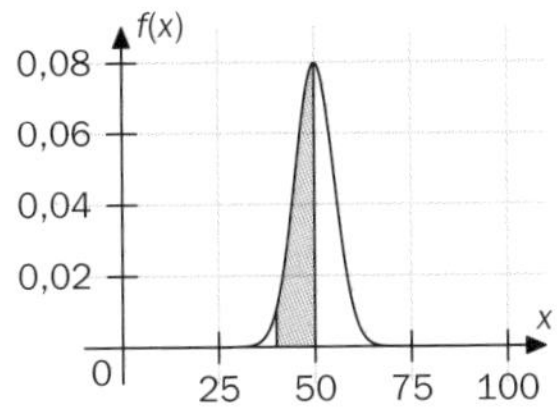

b) 2,28 %

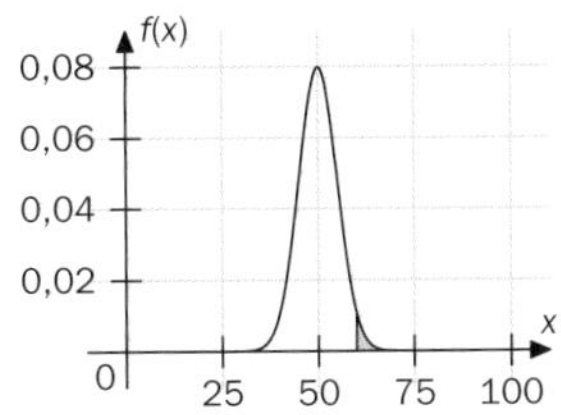

c) 15,87 %

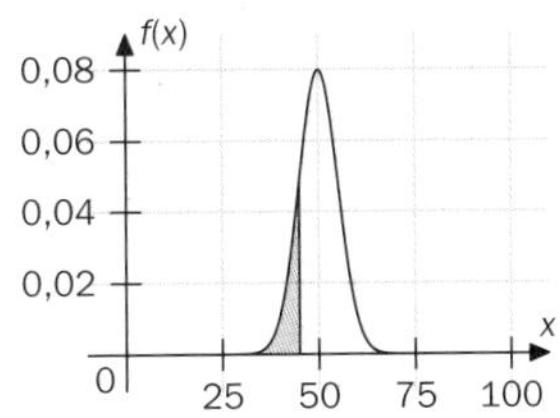

d) 0 %

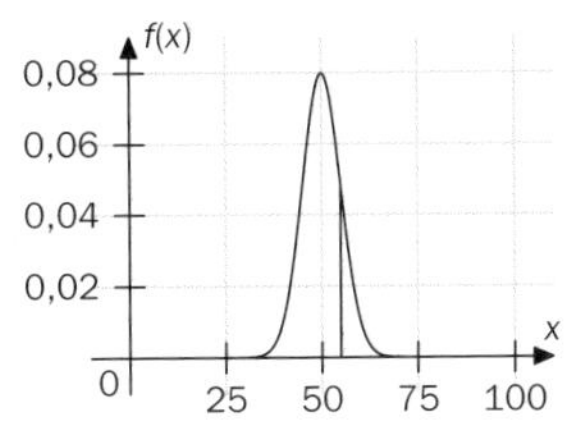

345 **a)** 31,73 % **b)** 4,55 % **c)** 61,71 %
d) 13,36 %

346 **a)** 47,73 % **b)** 4,84 % **c)** 0,48 %
d) 0,05 %
Je kleiner man das Intervall macht, umso geringer ist auch die Wahrscheinlichkeit, dass in einem Haushalt eine entsprechende Menge Mehl vorhanden ist.

347 $P = 87{,}41\,\%$
Eine Angabe derartig vieler Nachkommastellen ist jedoch nicht sinnvoll.

348 —

349 **a)** 81,86 %

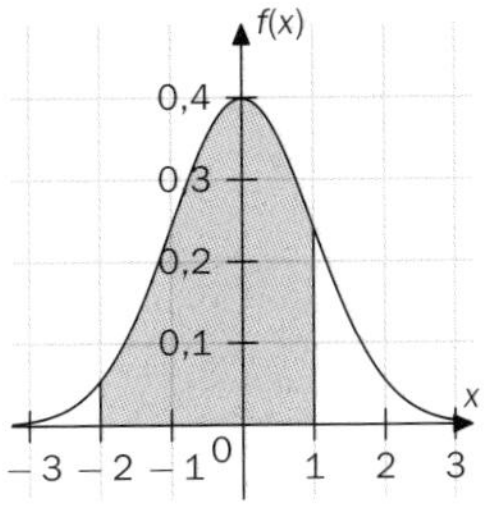

b) 81,86 %

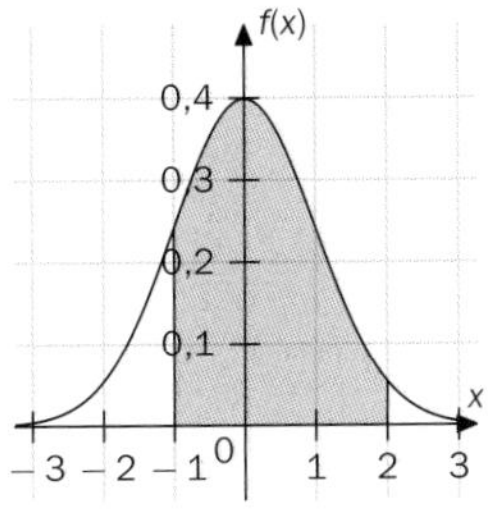

c) 68,27 %

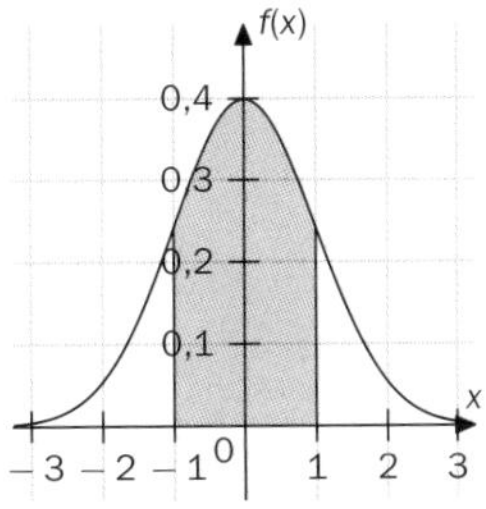

d) 95,45 %

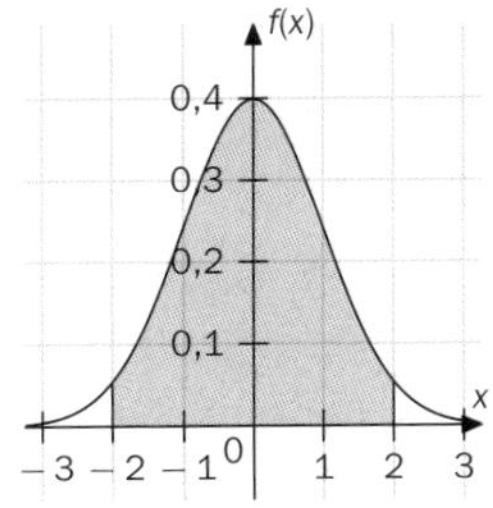

e) 84,13 %

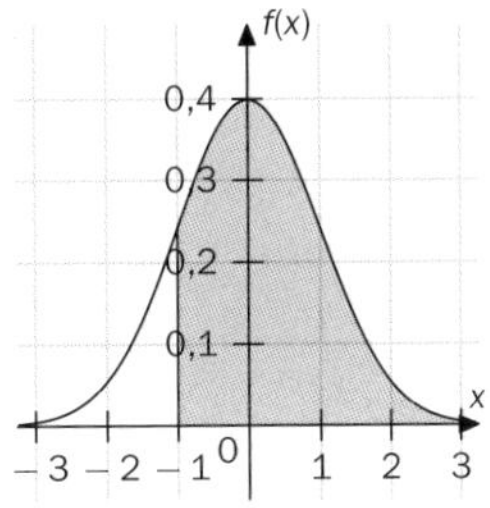

f) 15,87 %

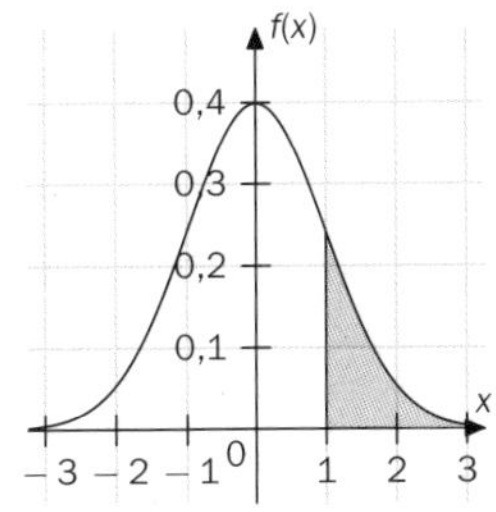

350 —

351 $\varphi(-a) = \frac{1}{\sqrt{2\,\pi}} \cdot e^{-\frac{1}{2} \cdot a^2} = \varphi(a)$,
da *a* nur in gerader Hochzahl vorkommt.

352 **a)** $P(-0{,}5 < X < 2{,}5) = 68{,}53\,\%$
b) $P(-1{,}5 < X < 1) = 77{,}45\,\%$
c) $P(0 < X < 1{,}5) = 43{,}32\,\%$
d) $P(X > -1{,}5) = 93{,}32\,\%$
e) $P(-1{,}5 < X < 1{,}5) = 86{,}64\,\%$
f) $P(X > 1{,}5) = 6{,}68\,\%$

353 Durch die Symmetrie gilt: $\Phi(-1) = 1 - \Phi(1)$
Allgemein gilt: $\Phi(-z) = 1 - \Phi(z)$

354 Im Buch ausgeführt.

355 **a)** 0,04 % **b)** rund 4 Stück

356 **a)** 0,13 % **b)** 53,28 %

357 **a)** 23,47 % **b)** 42,07 %

358 **a)** 25,84 % **b)** 6,43 % **c)** 12,58 %

359 **a)** 77,45 % **b)** 6,68 % **c)** 15,87 %

360 **a)** 23,28 % **b)** 21,13 %

361 **a)** 0,21 % **b)** 0,13 % **c)** 41,75 %

362 Im Buch ausgeführt.

363 Im Buch ausgeführt.

364 **a)** $X > 130{,}81$ **b)** $80{,}78 < X < 119{,}22$
c) $X > 84{,}45$

365 **a)** $X > 101{,}28$ mm
b) $98{,}36 \text{ mm} < X < 101{,}64$ mm
c) $X > 101{,}92$ mm und
$97{,}53 \text{ mm} < X < 102{,}47$ mm

366 **a)** $X > 804$ mA h **b)** $X < 806{,}25$ mA h
c) $x \approx 6{,}41$ mA h **d)** $X > 823{,}75$ mA h

367 **a)** $61{,}34 \text{ g/m s} < X < 98{,}66$ g/m s
b) $X > 63{,}14$ g/m s

368 **a)** $4{,}61 \text{ mm} < X < 5{,}39$ mm
b) $X > 5{,}52$ mm
c) $4{,}71 \text{ mm} < X < 5{,}29$ mm und $X > 5{,}39$ mm

369 **a)** $X > 95{,}38$ **b)** $56{,}48 < X < 103{,}52$
c) $X > 60{,}26$ **d)** $X > 104{,}64$

370 **a)** 2,28 % **b)** $494{,}27 \text{ ml} < X < 509{,}73$ ml

371 Im Buch ausgeführt.

372 Im Buch ausgeführt.

373 **a)** $\mu > 504{,}93$ ml
b) $\sigma < 1{,}52$ ml
c) $P(X > 511) \approx 0{,}13\,\%$
Das ist rund 540 Mal pro Tag zu erwarten.

374 $x_1 = 495 \Rightarrow z_1 \approx -1{,}995$
$x_2 = 500 \Rightarrow z_2 \approx -0{,}994$
$\sigma = \frac{x_2 - x_1}{z_2 - z_1} \approx 4{,}996$
$\mu = \frac{x_1 \cdot z_2 - x_2 \cdot z_1}{z_2 - z_1} \approx 504{,}97$

375 **a)** $\sigma < 114{,}24$ h **b)** $X > 534{,}74$ h
c) $\sigma \approx 91{,}19$ h **d)** $\mu > 1168{,}32$ h

376 **a)** 15,87 % **b)** 181,19 g **c)** $\sigma < 64{,}32$ g
d) $\mu < 3044{,}52$ g

377 **a)** $z \approx 3{,}607$ **b)** $z \approx 3{,}81$
c) einseitig: $z = 4{,}5$; beidseitig: $z = 4{,}6$

378 Im Buch ausgeführt.

379 Im Buch ausgeführt.

380 **a)** 12,93 % **b)** 98,17 % **c)** 68,55 %
d) 20,99 % **e)** 20,99 % **f)** 96,21 %

381 **a)** mit Korrektur: 21,46 %; ohne: 17,14 %
b) mit Korrektur: 28,81 %; ohne Korrektur: 25,12 %
c) mit Korrektur: 34,63 %; ohne Korrektur: 31,76 %
d) mit Korrektur: 38,99 %; ohne Korrektur: 36,87 %
Je kleiner n ist, umso deutlicher ist die Abweichung vom korrekten Ergebnis, wenn man auf die Stetigkeitskorrektur verzichtet.

382 **a)** 12,10 % **b)** 82,25 % **c)** 0,74 %

383 **a)** 27,06 % **b)** 3,91 %
c) mindestens 30, höchstens 44 Kunden
$(29{,}23 < X < 44{,}57)$

384 **a)** 5,7 % **b)** 17,9 %

385 **a)** 14,95 %
b) mindestens 826, höchstens 934 Besucher
$(825{,}15 < X < 934{,}85)$

386 Im Buch ausgeführt.

387 Im Buch ausgeführt.

388 **a)** Es können bei der Kontrolle nur zufällig so wenige Autofahrer telefoniert haben, obwohl der Anteil der telefonierenden Autofahrer insgesamt nicht gesunken ist.
b) H_0: $p = 0{,}35$; H_1: $p < 0{,}35$
$K = \{0, 1, \ldots, 240\}$; linksseitiger Test
X ... Anzahl der telefonierenden Autofahrer
X ist binomialverteilt.

389 **a)** Es können nur zufällig maximal 30 Kinder eine Leseschwäche haben, obwohl der Anteil insgesamt gar nicht gesunken ist.
b) H_0: $p = 0{,}10$; H_1: $p < 0{,}10$
$K = \{0, 1, \ldots, 30\}$; linksseitiger Test
X ... Anzahl der Kinder mit Leseschwäche
X ist binomialverteilt.

390 H_0: $p = 0{,}08$; H_1: $p > 0{,}08$
$K = \{7, 8, \ldots, 50\}$; rechtsseitiger Test
Wenn mehr als 7 Werkstücke schadhaft sind, glaubt man, dass der Ausschussanteil gestiegen ist.

391 Im Buch ausgeführt.

392 Im Buch ausgeführt.

393 Mit einer Wahrscheinlichkeit von $\alpha \approx 10{,}19\,\%$ glaubt man, dass mehr als 8 % schadhaft sind, obwohl das nicht der Fall ist.

394 4,68 %

395 a) 74,37 %
b) Mit einer Wahrscheinlichkeit von $\alpha \approx 14{,}24\,\%$ glaubt man, dass mehr als 6 % krank werden, obwohl das nicht der Fall ist.

396 Die Irrtumswahrscheinlichkeit ist mit 41,48 % sehr hoch.

397 rechtsseitiger Test
Mit einer Wahrscheinlichkeit von $\alpha \approx 29{,}09\%$ glaubt man, dass mehr als 5 % Ausschuss sind, obwohl das nicht der Fall ist.

398 5,07 %

399 16,72 %

400 Im Buch ausgeführt.

401 Im Buch ausgeführt.

402 Mit einer Wahrscheinlichkeit von $\alpha \approx 11{,}52\,\%$ glaubt man, dass der Marktanteil gestiegen ist, obwohl das nicht der Fall ist.

403 Mit einer Wahrscheinlichkeit von $\alpha \approx 28{,}65\,\%$ glaubt man, dass der Anteil der Übergewichtigen gesunken ist, obwohl das nicht der Fall ist.

404 Mit einer Wahrscheinlichkeit von $\alpha \approx 20{,}83\,\%$ glaubt man, dass der Bekanntheitsgrad gesunken ist, obwohl das nicht der Fall ist.

405 rechtsseitiger Test
H_0: $p = 0{,}8$; H_1: $p > 0{,}8$
$K = \{350, 351, \ldots, 420\}$
$\alpha \approx 4{,}98\,\%$ $\Rightarrow$ Der Test ist signifikant.

406 Mit einer Wahrscheinlichkeit von $\alpha \approx 24{,}29\,\%$ glaubt man, dass der Würfel gezinkt ist, obwohl das nicht der Fall ist.
Die Irrtumswahrscheinlichkeit 2. Art gibt die Wahrscheinlichkeit an, dass man Spieler *B* glaubt, obwohl der Würfel gezinkt ist.

407 Test, ob die 95% tatsächlich erreicht werden: linksseitiger Test mit H_0: $p = 0{,}95$; H_1: $p < 0{,}95$
Der Fehler 1. Art gibt die Wahrscheinlichkeit an, dass man glaubt, dass weniger als 95% durchkommen, obwohl das nicht der Fall ist.
Der Fehler 2. Art gibt die Wahrscheinlichkeit an, dass man glaubt, dass der Prozentsatz stimmt, obwohl er niedriger ist.

408 rechtsseitiger Test
H_0: $p = 0{,}05$; H_1: $p > 0{,}05$
$K = \{66, 67, \ldots, 1200\}$
$\alpha \approx 23{,}32\,\%$ $\Rightarrow$ Der Test ist nicht signifikant.

409 Im Buch ausgeführt.

410 Wenn das Ergebnis im kritischen Bereich $K = \{0, 1, 2, 3, 4\}$ liegt, glaubt man mit einem Signifikanzniveau von $\alpha = 5\,\%$, dass der Anteil gesunken ist.

411 Wenn das Ergebnis im kritischen Bereich $K = \{8, 9, \ldots, 50\}$ liegt, glaubt man mit einem Signifikanzniveau von $\alpha = 5\,\%$, dass der Ausschussanteil gestiegen ist.

412 Wenn das Ergebnis im kritischen Bereich $K = \{38, 39, 40\}$ liegt, glaubt man mit einem Signifikanzniveau von $\alpha = 10\,\%$, dass der Anteil über 85 % liegt.

413 Wenn das Ergebnis im kritischen Bereich $K = \{33, 34, \ldots, 40\}$ liegt, glaubt man mit einem Signifikanzniveau von $\alpha = 8\,\%$, dass der Anteil gestiegen ist.

414 —

415 Je kleiner das Signifikanzniveau gewählt wird, umso größer wird die Irrtumswahrscheinlichkeit 2. Art, also die Wahrscheinlichkeit, dass man der Nullhypothese H_0 glaubt, obwohl die Gegenhypothese H_1 stimmt.

416 rechtsseitiger Test:
Der Fehler 1. Art gibt die Wahrscheinlichkeit an, dass man glaubt, dass sich der Ruf verbessert hat, obwohl das nicht der Fall ist.
Der Fehler 2. Art gibt die Wahrscheinlichkeit an, dass man nicht an eine Verbesserung des Rufs glaubt, obwohl sich der Ruf verbessert hat.

417 Im Buch ausgeführt.

418 Im Buch ausgeführt.

419 $x \approx 35{,}92$
$\Rightarrow$ rechtsseitiger Test; $K = \{36, 37, \ldots, 900\}$

420 a) $K = \{0, 1, 2, 3\}$
b) $x \approx 62{,}16$
$\Rightarrow$ linksseitiger Test; $K = \{0, 1, \ldots, 62\}$
Wenn das Ergebnis in den kritischen Bereich fällt, glaubt man, dass der Anteil der alkoholisierten Lenker gesunken ist.

421 **a)** $K = \{11, 12, \ldots, 40\}$
b) $x \approx 72{,}25$
$\Rightarrow$ rechtsseitiger Test; $K = \{73, 74, \ldots, 400\}$
Wenn das Ergebnis in den kritischen Bereich fällt, glaubt man, dass der Anteil der alkoholisierten Lenker gestiegen ist.

422 $x \approx 106{,}76$
$\Rightarrow$ linksseitiger, signifikanter Test ($\alpha = 5\,\%$)
$K = \{0, 1, \ldots, 106\}$
Wenn das Ergebnis in den kritischen Bereich fällt, nimmt man an, dass der Anteil unter 50 % gefallen ist.

423 $x \approx 30{,}92$
$\Rightarrow$ linksseitiger Test; $K = \{0, 1, \ldots, 30\}$

424 $x \approx 73{,}20$
$\Rightarrow$ rechtsseitiger Test; $K = \{74, 75, \ldots, 10\,000\}$
Wenn das Ergebnis in den kritischen Bereich fällt, glaubt man, dass der Ausschussanteil größer ist.

425 $x \approx 137{,}98$
$\Rightarrow$ linksseitiger Test; $K = \{0, 1, \ldots, 137\}$
Die Behauptung wird deutlich widerlegt.

426 Im Buch ausgeführt.

427 **a)** $0{,}2384 < p < 0{,}2828$
b) $0{,}2418 < p < 0{,}2790$
Je kleiner das Konfidenzniveau, umso enger sind die Intervallgrenzen, umso größer ist aber auch die Wahrscheinlichkeit, dass der tatsächliche Wert nicht im angegebenen Intervall liegt.

428 **a)** $0{,}3013 < p < 0{,}4021$
b) $0{,}2925 < p < 0{,}4123$
c) $0{,}2757 < p < 0{,}4324$
Je größer das Konfidenzniveau, umso weiter sind die Intervallgrenzen, umso geringer ist aber auch die Wahrscheinlichkeit, dass der tatsächliche Wert nicht im angegebenen Intervall liegt.

429 $0{,}3181 < p < 0{,}3833$

430 $0{,}0501 < p < 0{,}0718$

431 $0{,}0288 < p < 0{,}0554$

432 $0{,}9252 < p < 0{,}9520$
Bei medizinischen Produkten ist eine höhere Sicherheit sehr sinnvoll, um die Irrtumswahrscheinlichkeit möglichst gering zu halten.

433 Mit einer Wahrscheinlichkeit von 96 % liegt die Bekanntheit der Marke im Intervall [53,52 %; 66,15 %].

434 **a)** Mit einer Wahrscheinlichkeit von 90 % gefällt die Sendung 58,76 bis 67,91 %.
maximale Breite des Konfidenzintervalls: 0,0950
b) Mit einer Wahrscheinlichkeit von 96 % gefällt die Sendung 57,62 bis 69,05 %.
maximale Breite des Konfidenzintervalls: 0,1186
c) Mit einer Wahrscheinlichkeit von 99 % gefällt die Sendung 56,17 bis 70,50 %.
maximale Breite des Konfidenzintervalls: 0,1487

435 $\gamma \approx 74{,}55\,\%$

436 $n \approx 366{,}01$ $\Rightarrow$ Es wurden mindestens 367 Personen befragt.

437 **a)** $n \approx 456{,}21$ $\Rightarrow$ Es müssen mehr als 456 Personen befragt werden.
b) $n \approx 164{,}24$ $\Rightarrow$ Es müssen mehr als 164 Personen befragt werden.

438 **a)** Mit einer Wahrscheinlichkeit von 98 % liegt der Anteil der Mädchen im Intervall [49,27 %; 49,52 %].
b) Mit einer Wahrscheinlichkeit von 99,5 % liegt der Anteil der Mädchen im Intervall [49,24 %; 49,55 %].

439 Je kleiner der Umfang der Stichprobe, umso breiter ist das Konfidenzintervall, bei nur 50 Personen wird das Ergebnis somit ziemlich ungenau.
Auch ein höheres Konfidenzniveau macht das Intervall breiter, dafür ist dann die Wahrscheinlichkeit geringer, dass der tatsächliche Anteil nicht in diesem Intervall liegt.

440 $f'(x) = 0 \Rightarrow x = \frac{1}{2};\ f(\frac{1}{2}) = \frac{1}{4}$ ist globales Maximum

441 **a)** 30,85 % **b)** $c \approx 169{,}53$ g
c) $\sigma < 85{,}68$ g

442 **a)** 76,06 % **b)** 8,08 % **c)** $X > 253{,}75$ kg
d) $236{,}78 \text{ kg} < X < 253{,}22$ kg **e)** $\sigma < 3{,}39$ kg

443 **a)** 35,94 %
b) 87,92 %
c) $542{,}08 < X < 609{,}92$
Es werden mit einer Wahrscheinlichkeit von 95% zwischen 542 und 610 Mädchen geboren.

444 **a)** 74,32 % **b)** 12,61 % **c)** 92,37 %
d) $\alpha \approx 9{,}57\,\%$

445 **a)** 26,16 %

b) 2,53 %

c) 3,94 %

d) $41{,}01 < X < 62{,}99$

Es werden mit einer Wahrscheinlichkeit von 99% zwischen 41 und 63 Mitglieder kommen.

446 **a)** 6,08 %

b) Mit einer Wahrscheinlichkeit von $\alpha \approx 4\,\%$ glaubt man, dass der Ausschussanteil gestiegen ist, obwohl das nicht der Fall ist.

447 **a)** 28,78 %

b) 32,21 %

c) $209{,}84 < X < 238{,}96$

Es können mit einer Wahrscheinlichkeit von 70 % zwischen 209 und 239 Kunden erwartet werden.

448 **a)** $G = 100 \cdot P(X \geq 90) - 5 \cdot P(X < 70) \approx +0{,}17$ €

b) $70{,}08 < X < 83{,}92$

Es kann mit einer Wahrscheinlichkeit von 85 % erwartet werden, dass zwischen 70 und 84 Schüler die Hausübung selbst machen.

c) rechtsseitiger Test

H_0: $p = 0{,}7$; H_1: $p > 0{,}7$

$K = \{85, 86, \ldots, 110\}$; $\alpha \approx 5{,}93\,\%$

449 **a)** 7

b) Mit einer Wahrscheinlichkeit von $\alpha \approx 17{,}27\,\%$ glaubt man, dass der Raucheranteil unter 35 % liegt, obwohl das nicht der Fall ist.

c) rechtsseitiger Test

H_0: $p = 0{,}35$; H_1: $p > 0{,}35$

$X \approx 735{,}08 \quad \Rightarrow \quad K = \{736, 737, \ldots, 2000\}$

Wenn bei der Befragung mehr als 735 Jugendliche angeben zu rauchen, wird mit einer Irrtumswahrscheinlichkeit von 5 % angenommen, dass die Kampagne erfolgreich war.

450 **a)** linksseitiger Test

H_0: $p = 0{,}25$; H_1: $p < 0{,}25$

$K = \{0, 1, \ldots, 40\}$; $\alpha \approx 6{,}04\,\%$

b) $x \approx 38{,}48 \quad \Rightarrow \quad K = \{0, 1, \ldots, 38\}$

c) rechtsseitiger Test

H_0: $p = 0{,}6$; H_1: $p > 0{,}6$

$X \approx 319{,}18 \quad \Rightarrow \quad K = \{320, 321, \ldots, 500\}$

451 **a)** 12,09 %

b) $\alpha \approx 0{,}02\,\%$

Das Ergebnis ist hoch signifikant.

c) $G = 1000 \cdot P(X = 0) - 1000 \cdot P(X > 0)$

$\Rightarrow G = -131{,}22$ €

452 **a)** $E(X) = 2{,}7$; $\sigma \approx 1{,}22$

x	P(X = x)
0	0,0277
1	0,1359
2	0,2780
3	0,3032
4	0,1861
5	0,0609
6	0,0083

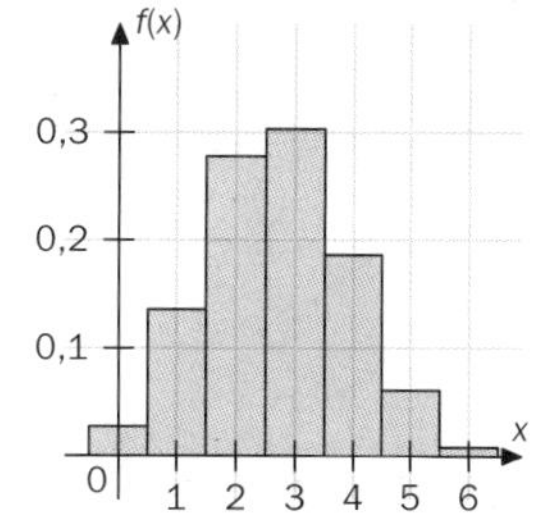

b) Gewinnerwartung: 27 €

c) Gewinnerwartung: 1,20 €

453 $E(X) = 60$; $V(X) = \frac{1}{n} \cdot \sum_{i=1}^{n} (x_i - \bar{x})^2 \approx 65{,}68$

a) ca. 4236

b) 81,03 %

c) Mit einer aufgrund der kleinen Stichprobe sehr hohen Wahrscheinlichkeit von $\alpha \approx 33{,}52\,\%$ glaubt man, dass mehr Eier beschädigt werden, obwohl das nicht der Fall ist.

d) rechtsseitiger Test

H_0: $p = 0{,}04$; H_1: $p > 0{,}04$

$X \approx 50{,}19 \quad \Rightarrow \quad K = \{51, 52, \ldots, 1000\}$

Wenn bei dem Test mehr als 50 Eier beschädigt sind, wird mit einer Irrtumswahrscheinlichkeit von 5% angenommen, dass der Anteil der beschädigten Eier gestiegen ist.

454 Mit einer Wahrscheinlichkeit von 96 % liegt der Anteil im Intervall [22,30 %; 46,56 %], die Aussage ist also ziemlich ungenau.

455 Mit einer Wahrscheinlichkeit von 95 % liegt der Anteil im Intervall [68,57 %; 80,49 %], die Aussage ist also nicht sehr seriös, da mehr als die Hälfte des Konfidenzintervalls im Bereich unter 75 % liegt.

456 **a)** Mit einer Wahrscheinlichkeit von 95% liegt der Anteil im Intervall [18,61 %; 30,37 %].

b) linksseitiger Test

H_0: $p = 0{,}24$; H_1: $p < 0{,}24$

$X \approx 38{,}07 \quad \Rightarrow \quad K = \{0, 1, \ldots, 38\}$

Wenn bei der Befragung maximal 38 Personen angeben, dass ihnen der Politiker sehr seriös erscheint, wird mit einer Irrtumswahrscheinlichkeit von 5 % angenommen, dass der Anteil weniger als 24 % beträgt.

457 $n \approx 2164{,}71$

Es müssen mindestens 2165 Personen befragt werden.

458

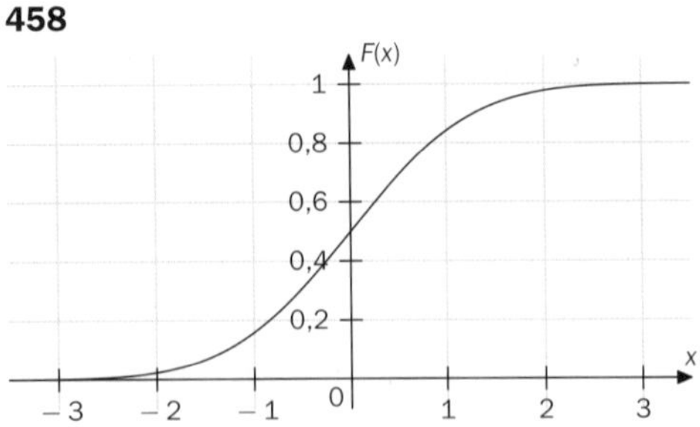

Die Funktion ist streng monoton steigend mit der größten Steigung im Wendepunkt bei $x = 0$. Weiters gilt $\lim\limits_{x \to -\infty} F(x) = 0$ und $\lim\limits_{x \to \infty} F(x) = 1$.

459 Die Aussagen 1 und 4 sind richtig.

460 Die Aussagen 2, 3 und 4 sind richtig.

461 Die Aussage 2 ist richtig.

462 Die Aussagen 1 und 3 sind richtig.

463 ☐ ☒
☐ ☐

464 ☐ ☒
☐ ☐

465 ☐ ☒
☒ ☐

466 ☐ ☒
☐ ☐
☒ ☐

467 ☐ ☐ ☒ ☐

468 ☒ ☐
☐ ☒

469 ☐ ☒
☒ ☐

470 ☐ ☐ ☐ ☒

471 ☐ ☒ ☒ ☐
☒ ☐ ☒ ☐
☒ ☐ ☐ ☒
☐ ☒ ☐ ☒

472 ☐ ☐ ☐ ☒

473 ☐ ☒ ☒ ☐

474 ☒ ☐ ☐ ☒
☐ ☒ ☒ ☐
☒ ☐ ☒ ☐
☐ ☒ ☐ ☒

475 ☐ ☒ ☐ ☒

476 ☐ ☒ ☐ ☐

477 ☒ ☒ ☒ ☐ ☒

478 ☐ ☐ ☒ ☐

479 ☒ ☒ ☒

480 ☒ ☐ ☒ ☒

481 ☒ ☒ ☐ ☐

Thema: C. F. Gauß und sein Integral

T1 $(x \cdot \ln x - x)' = 1 \cdot \ln x + x \cdot \frac{1}{x} - 1 = \ln x$
(Anwendung der Produktregel)

T2 $x = 0{,}1$: $-0{,}2303$
$x = 0{,}01$: $-0{,}0461$
$x = 0{,}001$: $-0{,}0069$
Vermutung: $\lim\limits_{x \to 0} x \cdot \ln x = 0$

T3 $\lim\limits_{x \to 0} x \cdot \ln x = \lim\limits_{x \to 0} \dfrac{\ln x}{\frac{1}{x}} = \lim\limits_{x \to 0} \dfrac{(\ln x)'}{\left(\frac{1}{x}\right)'} =$

$= \lim\limits_{x \to 0} \dfrac{\frac{1}{x}}{-\frac{1}{x^2}} = \lim\limits_{x \to 0} -x = 0$

4. Dynamische Systeme

482 **a)** $y_n = 2n + 1$ **b)** $y_n = \frac{n}{2} - 2$

483 $y_n = 8 + 0{,}04\,n$
n in Jahren seit 2000; y_n in Millionen Menschen
$y_{30} = 9{,}2$ Mio. Menschen

484 $y_n = 3{,}4 + 0{,}4\,n$
n in Jahren; y_n in Millionen Euro
$y_{10} = 7{,}4$ Mio. Euro

485 $\Delta y_n = y_{n-1} - y_n =$
$= \left(y_0 + (n+1) \cdot k \cdot \Delta t\right) - \left(y_0 + n \cdot k \cdot \Delta t\right) =$
$= k \cdot \Delta t$

486 **a)** $y(t) = t + 2$ **b)** $y(t) = \frac{t}{2} - 1$

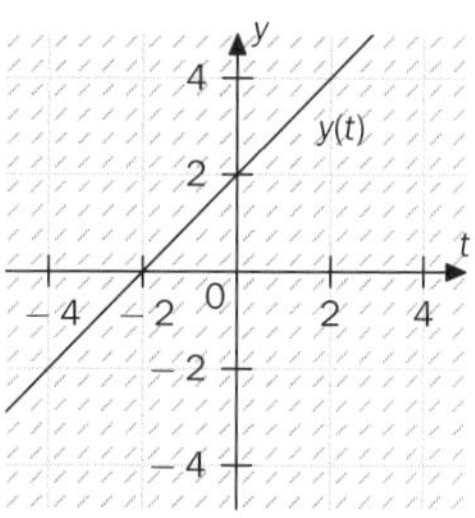

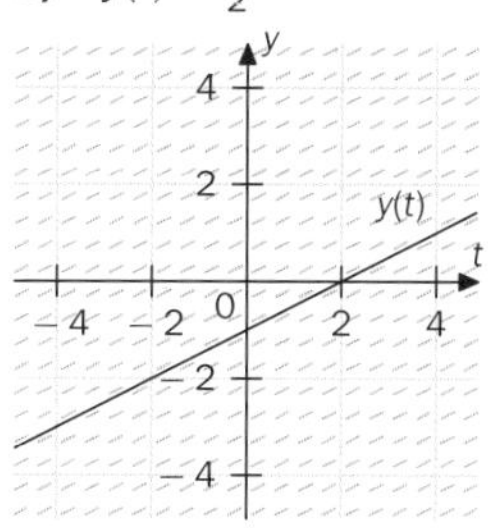

c) $y(t) = -t + 4$ **d)** $y(t) = \frac{t}{4} - \frac{1}{4}$

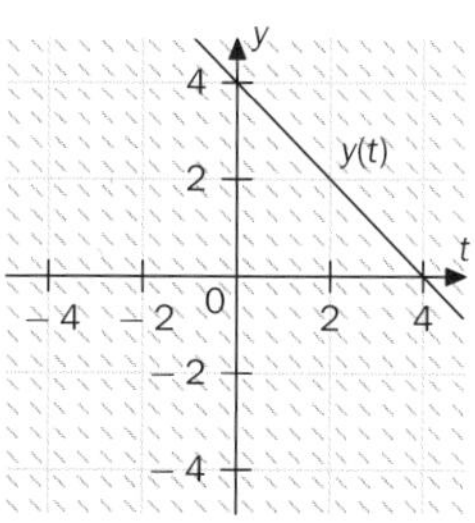

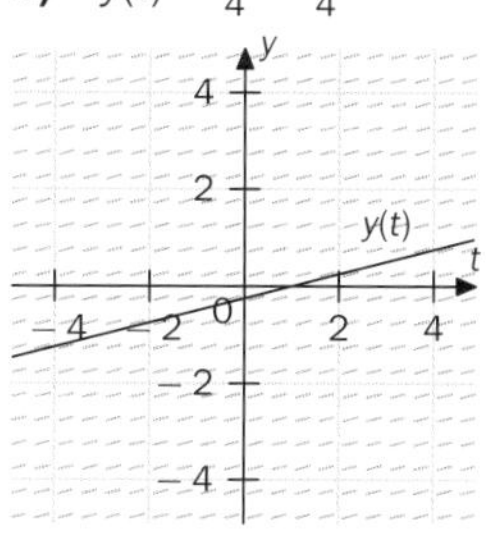

487 **a)** $y(t) = 2t - 2$ **b)** $y(t) = -t + 1$
c) $y(t) = \frac{t}{2} + 5$ **d)** $y(t) = -\frac{t}{2}$

488 Im Buch ausgeführt.

489 Im Buch ausgeführt.

490 **a)** $y_n = 3^n$ **b)** $y_n = \frac{1}{2} \cdot \left(\frac{3}{2}\right)^n$

491 $y_n = 3000 \cdot 1{,}01875^n$
n in Jahren; y_n in Euro
$y_5 \approx 3292{,}00$ €

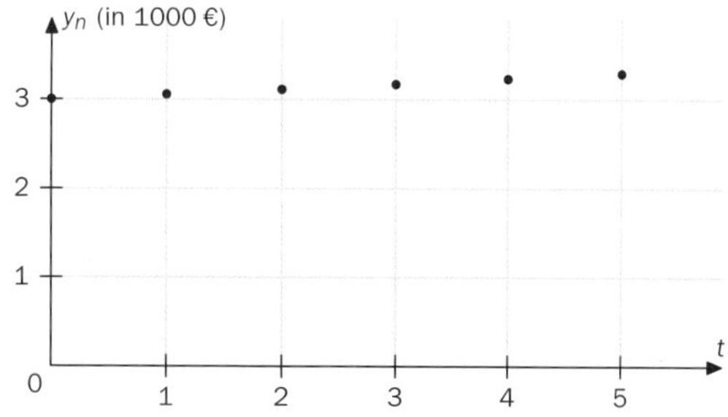

492 $y_n = 2{,}26 \cdot 2{,}1018^n$
n in Tagen seit dem 1. Tag; y_n in cm^2
$y_6 \approx 194{,}81\ cm^2$
tägliche Zunahme: 110,18 %

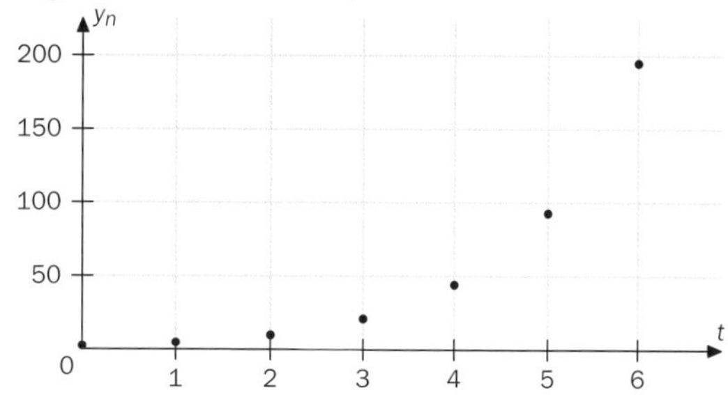

493 $y_n = 29\,800 \cdot 1{,}0171^n$
n in Jahren seit 2006; y_n in Euro
jährliche Steigung: 1,71 %

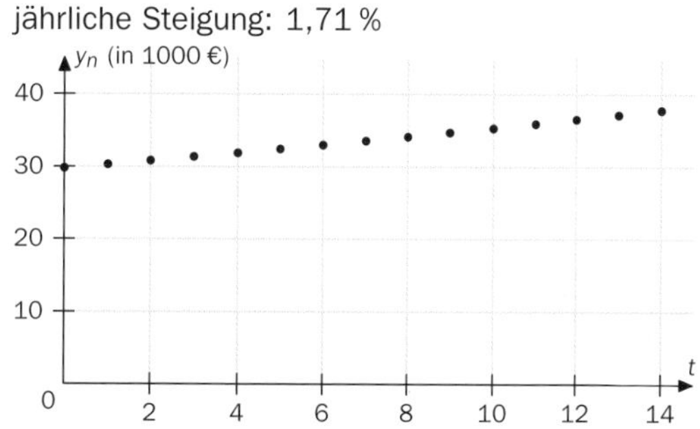

494 $y_n = 20 \cdot 0{,}9716^n$
n in Stunden; y_n in mg

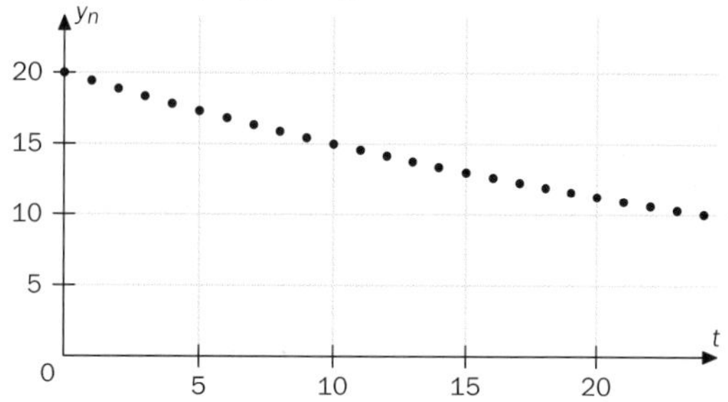

495 $y_n = 5^n$

n … Anzahl der Zyklen seit der eigenen Teilnahme

y_n … maximale Anzahl der Teilnehmer im aktuellen Zyklus

a) $(5 + 5^2 + 5^3 + 5^4 + 5^5) \cdot 100 = 390\,500$ €

b) Bereits nach 12 Zyklen würden mehr als 100 Millionen Menschen mitspielen. ($\approx$ 305 Mio.) Damit wären schon 30,5 Mrd. € im Spiel!

496 $\Delta y_n = y_{n-1} - y_n =$
$$= y_0 \cdot (1 + k \cdot \Delta t)^{n-1} - y_0 \cdot (1 + k \cdot \Delta t)^n =$$
$$= y_0 \cdot (1 + k \cdot \Delta t)^n \cdot ((1 + k \cdot \Delta t) - 1) =$$
$$= y_n \cdot k \cdot \Delta t$$

497 Im Buch ausgeführt.

498 **a)** $y(t) = e^t$ **b)** $y(t) = 10 \cdot e^{0{,}2\,t}$

499 $y'(t) = \underbrace{y_0 \cdot \ln a \cdot a^t}_{y'} = \underbrace{\ln a}_{\lambda} \cdot \underbrace{y_0 \cdot a^t}_{y}$

500 **a)** $y(t) = e^t$

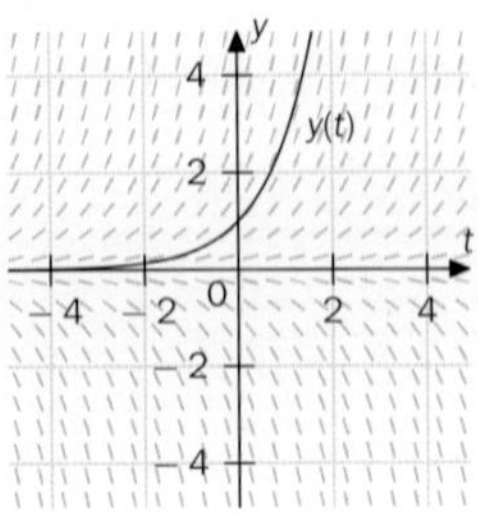

b) $y(t) = 2 \cdot e^{-0{,}5} \cdot e^{0{,}5\,t}$

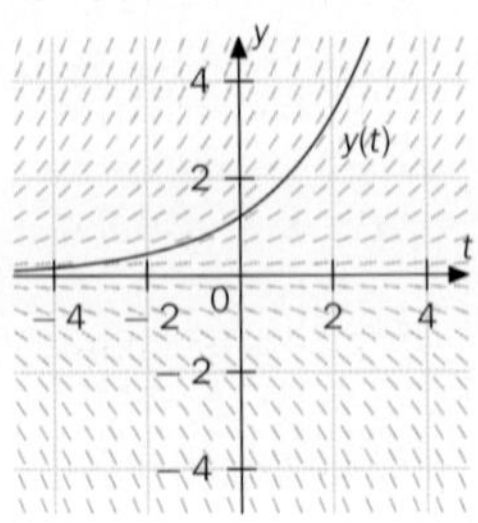

501 $y'(t) = \lambda \cdot y(t) \quad \Rightarrow \quad y(t) = 30 \cdot e^{0{,}0885\,t}$

$y(t) = 60 \quad \Rightarrow \quad t \approx 7{,}83$ h

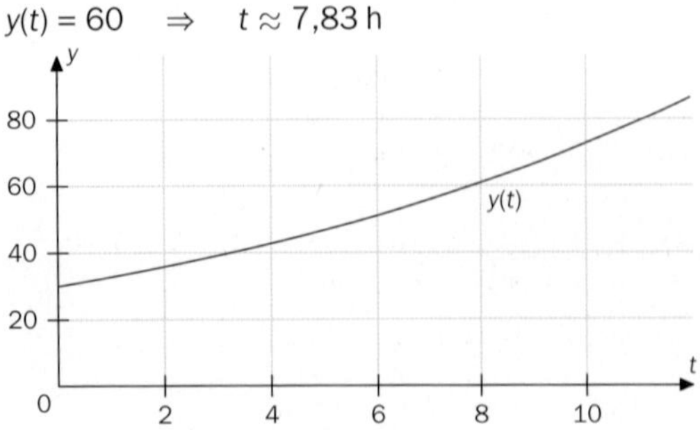

502 $N(t) = 12 \cdot e^{-0{,}1733\,t}$

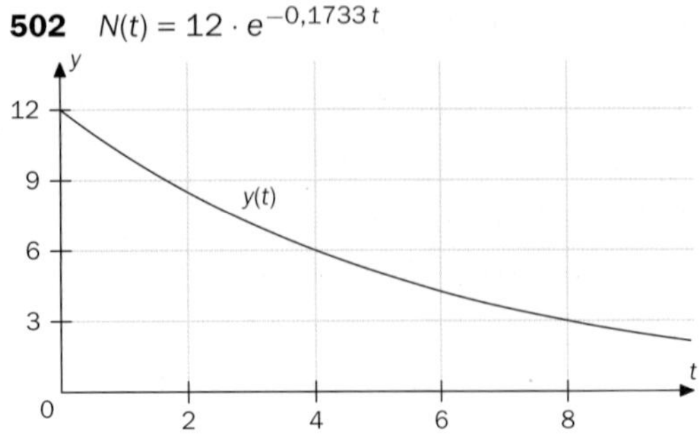

503 $I(x) = I_0 \cdot e^{-\lambda \cdot x}$

504 $\frac{dp}{dh} = -\lambda \cdot p(h) \quad \Rightarrow \quad p(h) = p(0) \cdot e^{-\lambda \cdot h}$

505 $a = e^{\lambda} \Leftrightarrow \lambda = \ln a$

506 Im Buch ausgeführt.

507 **a)** $y_n = 15 \cdot (1 - 0{,}8^n)$

b) $y_n = 6 \cdot 0{,}5^n - 4$

508 **a)**

n	y_n
0	2
1	2,8
2	3,52
3	4,17
4	4,75
5	5,28
6	5,75

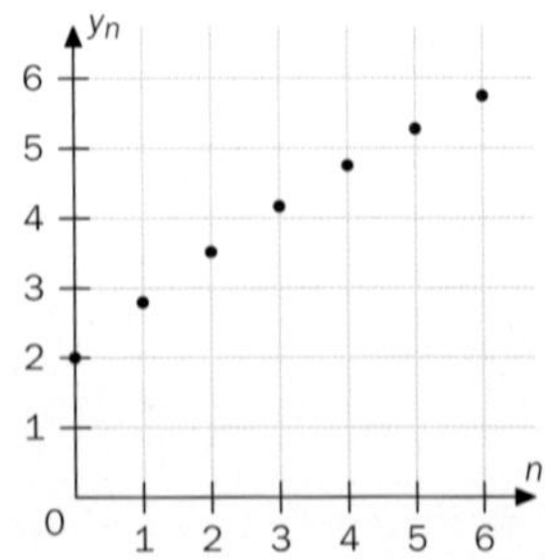

b) $y_n = 10 - 8 \cdot 0{,}9^n$

509 **a)** $y_{n+1} = 0{,}6 \cdot y_n + 6$; $y_0 = 10$ l/m²

$y_n = 15 - 5 \cdot 0{,}6^n$

n in Tagen; y_n in l/m²

b)

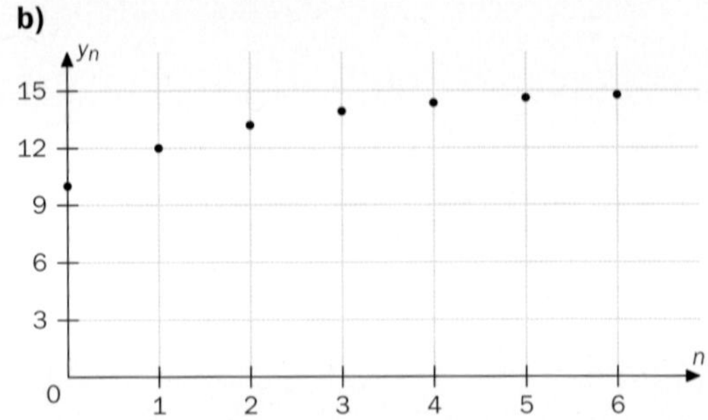

$\lim_{n \to \infty} y_n = 15$ l/m²

510 $y_{n+1} = 1{,}05 \cdot y_n$; $y_0 = 1000$ kg

$y_n = 1100 - 100 \cdot 1{,}05^n$

$\lim_{n \to \infty} y_n = -\infty \quad \Rightarrow$ Überfischung

$y_n = 0 \quad \Rightarrow \quad n \approx 49{,}15$

Nach 50 Wochen kommt die Fischzucht zum Erliegen.

511 **a)** $y_{n+1} = 1{,}08 \cdot y_n - 2000$; $y_0 = 20\,000$ €

$y_n = 25\,000 - 5000 \cdot 1{,}08^n$

b) $y_n = 0 \quad \Rightarrow \quad n \approx 20{,}91$

Nach 21 Jahren ist der Kredit zurückgezahlt.

512 **a)** $\Delta y_n = k \cdot (70 + y_n)$; $y_0 = 350$ °C

$y_n = 70 + 280 \cdot 0{,}9825^n$

b) $y_n = 80 \quad \Rightarrow \quad n \approx 119{,}69$

Nach 120 Minuten ist der Körper auf unter 80 °C abgekühlt.

513 $\Delta y_n = y_{n+1} - y_n =$

$$= \left(G - (G - y_0)\cdot(1 - k\cdot\Delta t)^{n+1}\right) - \left(G - (G - y_0)\cdot(1 - k\cdot\Delta t)^{n}\right) =$$
$$= (G - y_0)\cdot(1 - k\cdot\Delta t)^n\cdot\left(-(1 - k\cdot\Delta t) + 1\right) =$$
$$= (G - y_n)\cdot k\cdot\Delta t$$

514 Im Buch ausgeführt.

515 Im Buch ausgeführt.

516 $\underbrace{-4{,}2\cdot e^{-0{,}3\,t}}_{y'(t)} = 0{,}3\cdot\left(20 - \underbrace{(20 + 14\cdot e^{-0{,}3\,t})}_{y(t)}\right)$

517 **a)** $y(t) = 40 - 38\cdot e^{-0{,}2\,t}$

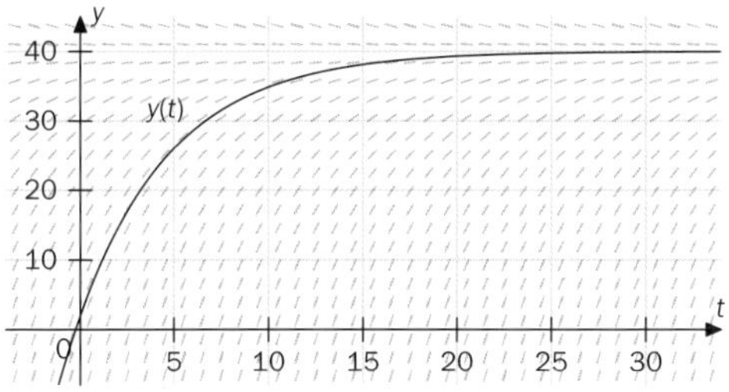

b) $y(t) = 80 + 20\cdot e^{-0{,}5\,t}$

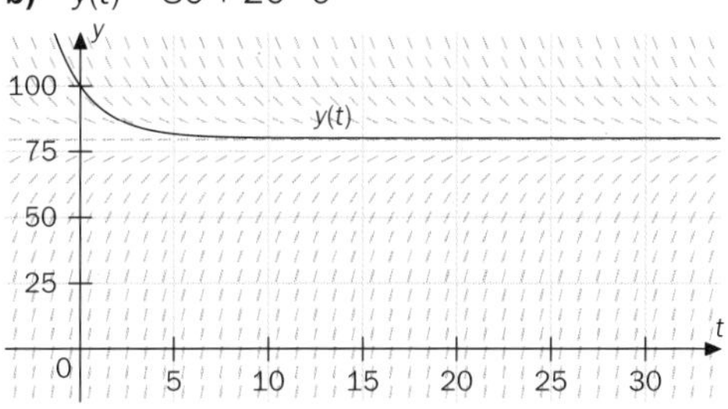

c) $y(t) = 80 - 80\cdot e^{-0{,}02\,t}$

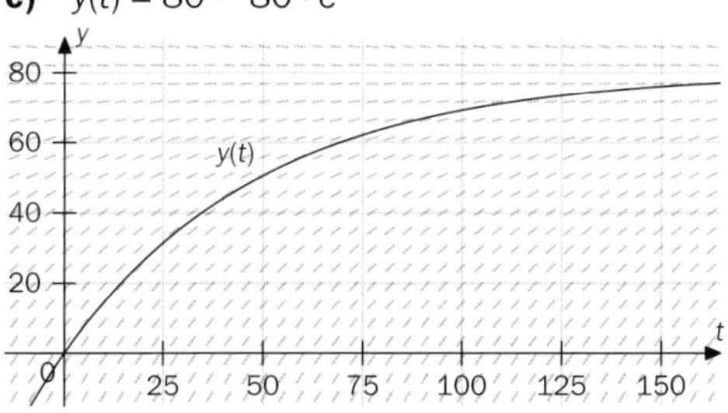

518 $W(t) = 1 - 0{,}85\cdot e^{-0{,}2\,t}$

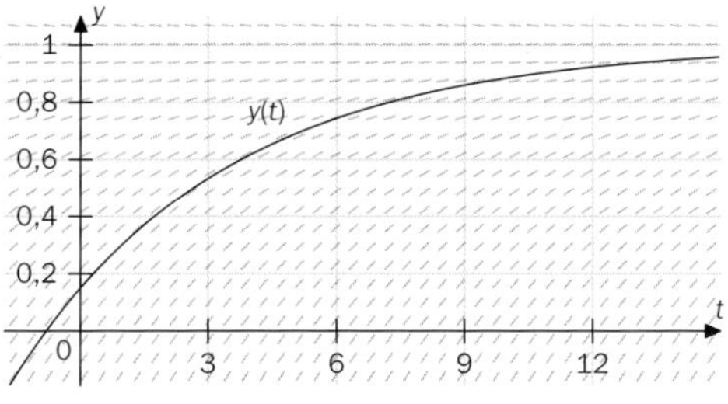

519 $y(t) = G - (G - y_0)\cdot e^{-\lambda\cdot t}$

520 $\underbrace{\lambda\cdot(G - y_0)\cdot e^{-\lambda\cdot t}}_{y'(t)} = \lambda\cdot\left(G - \underbrace{(G - (G - y_0)\cdot e^{-\lambda\cdot t})}_{y(t)}\right)$

521 $y'(t) = \underbrace{\dfrac{13{,}8\cdot e^{-1{,}2\,t}}{(1 + 11{,}5\cdot e^{-1{,}2\,t})^2}}_{y'(t)} =$

$$= 1{,}2\cdot\underbrace{\frac{1}{1 + 11{,}5\cdot e^{-1{,}2\,t}}}_{y(t)}\cdot\left(1 - \underbrace{\frac{1}{1 + 11{,}5\cdot e^{-1{,}2\,t}}}_{y(t)}\right)$$

522 **a)** $y(t) = \dfrac{10}{2 + 3\cdot e^{-1{,}5\,t}}$

b) $y(t) = \dfrac{12\,500}{50 + 200\cdot e^{-\frac{1}{3}\,t}}$

523 $y'(t) = \dfrac{y_0\cdot G^2\cdot c\cdot(G - y_0)\cdot e^{-G\cdot c\cdot t}}{(y_0 + (G - y_0)\cdot e^{-G\cdot c\cdot t})^2} = c\cdot y\cdot(G - y)$

524 $\int \dfrac{1}{y\cdot(G - y)}\,dy = \int \lambda\,dt$

Um das Integral auf der linken Seite berechnen zu können, wird eine Partialbruchzerlegung durchgeführt:

$\dfrac{1}{y\cdot(G - y)} = \dfrac{A}{y} + \dfrac{B}{G - y} \quad\Rightarrow\quad Ay + 1 = By + AG$

Koeffizientenvergleich ergibt: $A = B = \frac{1}{G}$

$\Rightarrow\quad \dfrac{1}{y\cdot(G - y)} = \dfrac{1}{G}\cdot\dfrac{1}{y} + \dfrac{1}{G}\cdot\dfrac{1}{G - y}$

525 Im Buch ausgeführt.

526 Im Buch ausgeführt.

527 Im Buch ausgeführt.

528 Im Buch ausgeführt.

529 $s(t) = 4{,}905\,t^2 + 5\,t$

530 $s(t) = \frac{a}{2}\cdot t^2 + v_0\cdot t$

mit $a < 0$ (Bremsbeschleunigung)

531 $s(t) = \frac{1}{1200}\,t^4 - \frac{1}{15}\,t^3 + 2\,t^2$

532 **a)** $v'(t) = 10 - 5\cdot v(t) \quad\Rightarrow\quad v(t) = 2 - 2\cdot e^{-5\,t}$

b) $\lim\limits_{t\to\infty} v(t) = 2\text{ m/s}$

c) $s(t) = 2\,t + \frac{2}{5}\cdot(e^{-5\,t} - 1)$

533 beschränkt: $y' = 0{,}3\cdot(20 - y) = 6 - 0{,}3\,y$

Bewegung mit Reibung: $y' = 10 - 0{,}5\,y$

Beide sind von der gleichen Form: $y' = a - b\cdot y$

534 $v'(t) = 10 - 0{,}004\,v^2(t)$

$\dfrac{dv}{10 - 0{,}004\,v^2} = dt$

Die Zerlegung des Bruchs ergibt:

$\frac{1}{200}\cdot\left(\dfrac{dv}{2\,v - 100} - \dfrac{dv}{2\,v + 100}\right) = -\frac{1}{1000}\,dt$

$v(t) = 50\cdot\dfrac{1 - e^{-0{,}4\,t}}{1 + e^{-0{,}4\,t}}$

Höchstgeschwindigkeit: 50 m/s = 180 km/h

535 Im Buch ausgeführt.

536 Im Buch ausgeführt.

537 $f \approx 0{,}20$; $T \approx 5{,}00$ s
$s(t) = 4 \cdot \sin(1{,}2566\,t)$

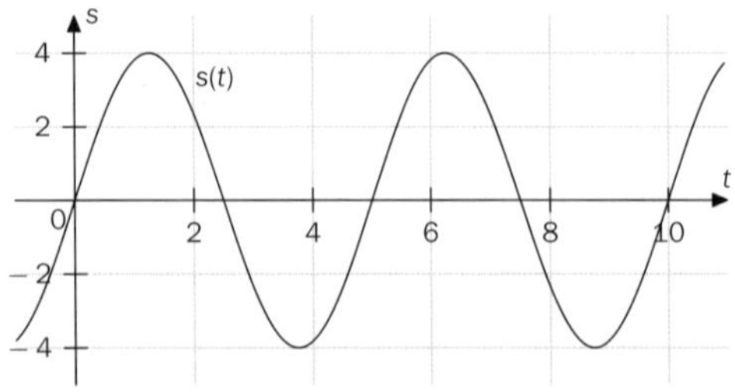

538 $f \approx 0{,}10$; $T \approx 9{,}84$ s
$s(t) = 4 \cdot \sin(0{,}6386\,t)$

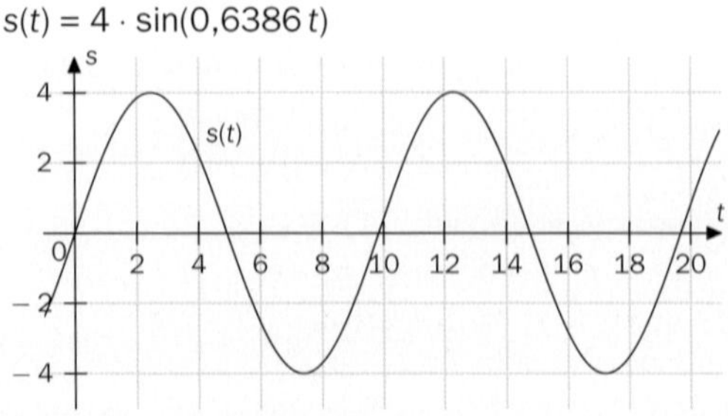

539 $s(t) = \pi \cdot \sin(2\pi t + \frac{\pi}{2})$

540 s_2 hat die 1,5-fache Amplitude und die 3-fache Frequenz im Vergleich zu s_1.

541 s_2 hat die doppelte Amplitude und die doppelte Frequenz im Vergleich zu s_1 und ist um eine Einheit nach rechts verschoben.

542 a) $s''(t) = -\omega^2 \cdot \underbrace{r \cdot \sin(\omega t + \varphi)}_{s(t)}$

b) $s''(t) = -\omega^2 \cdot \underbrace{r \cdot \cos(\omega t + \varphi)}_{s(t)}$

c) $s''(t) = -\omega^2 \cdot r_1 \cdot \sin(\omega t + \varphi_1) - \omega^2 \cdot r_2 \cdot \cos(\omega t + \varphi_2)$
$= -\omega^2 \cdot \underbrace{\big(r_1 \cdot \sin(\omega t + \varphi_1) + r_2 \cdot \cos(\omega t + \varphi_2)\big)}_{s(t)}$

543 Im Buch ausgeführt.

Hinweis: In den folgenden Tabellen werden aus Platzgründen nicht alle Zeilen angegeben.

544

t	$y(t)$
0	1
0,1	0,998
0,2	0,985
0,3	0,962
0,4	0,928
0,5	0,881

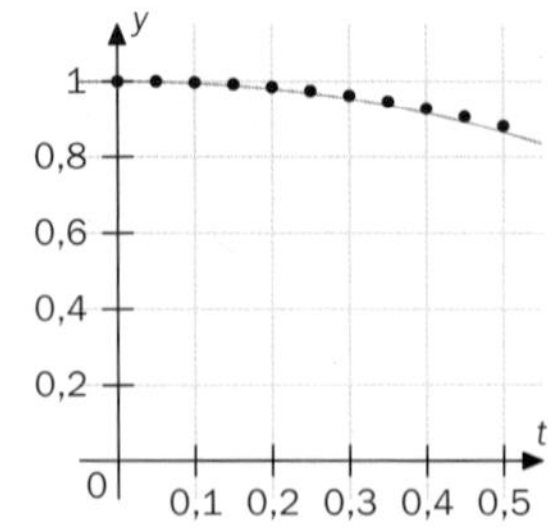

exakt: $y(0{,}5) \approx 0{,}866$
Der prozentuelle Fehler bei $t = 0{,}5$ liegt bei 1,79 %.

545

t	$y(t)$
0	1
1	1,48
2	2,19
3	3,24
4	4,80
5	7,11

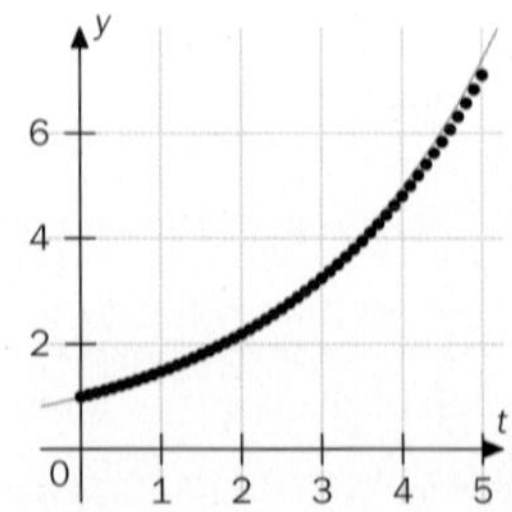

exakt: $y(t) = e^{0{,}4\,t}$; $y(5) \approx 7{,}39$
Der prozentuelle Fehler bei $t = 5$ liegt bei 3,82 %.

546

t	$y(t)$
0	0
0,5	0,12
1	0,60
1,5	1,89
2	5,61
2,5	17,98
3	67,07

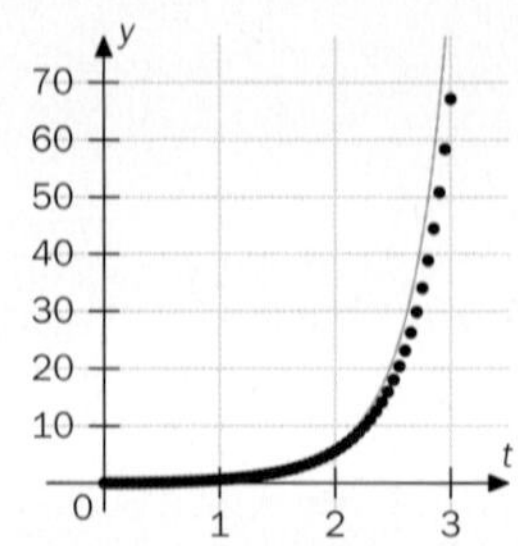

exakt: $y(3) \approx 89{,}02$
Der prozentuelle Fehler wächst hier sehr schnell.

547 a)

t	$y(t)$
0	1
0,2	1,22
0,4	1,53
0,6	1,94
0,8	2,49
1	3,19

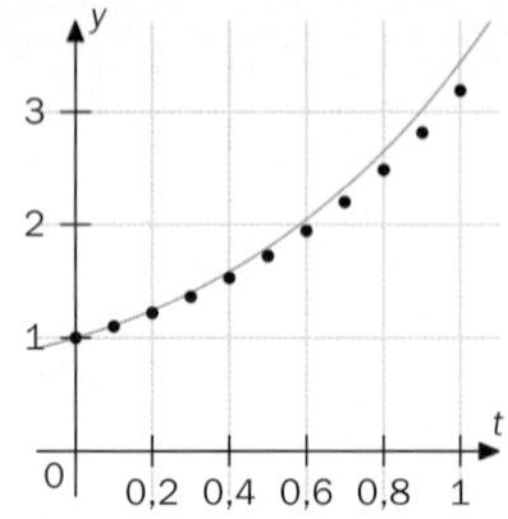

exakt: $y(1) \approx 3{,}44$
Der prozentuelle Fehler bei $t = 1$ liegt bei 7,25 %.

b)

t	$y(t)$
0	2
0,2	2,41
0,4	2,86
0,6	3,37
0,8	3,94
1	4,59

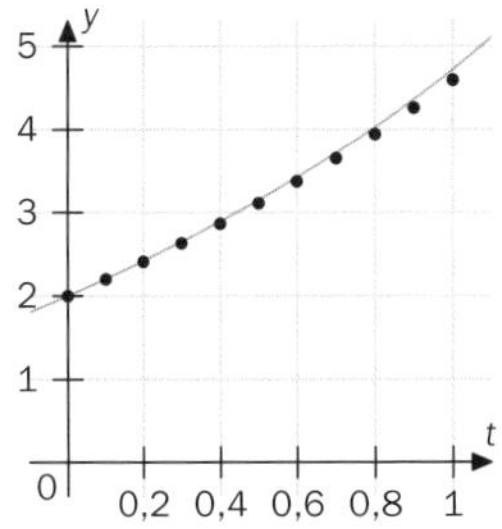

exakt: $y(1) \approx 4{,}72$

Der prozentuelle Fehler bei $t = 1$ liegt bei 2,64 %.

548 a)

t	$y(t)$
0	6
10	11,84
20	23,02
30	43,51
40	78,25
50	129,87

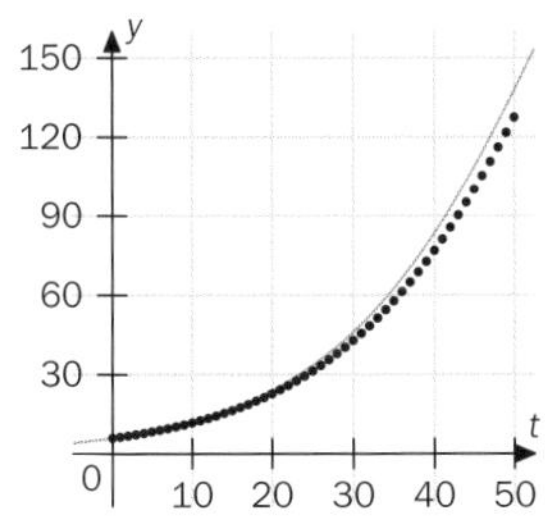

exakt: $y(50) \approx 137{,}82$

Der prozentuelle Fehler bei $t = 50$ liegt bei 5,77 %.

b)

t	$y(t)$
0	6
10	12,09
20	23,93
30	45,85
40	82,94
50	137,01

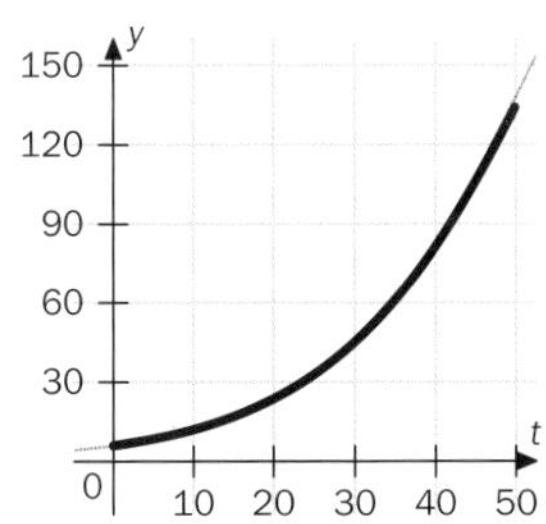

exakt: $y(50) \approx 137{,}82$

Der prozentuelle Fehler bei $t = 50$ liegt bei 0,59 %.

549 —

550

t	$y(t)$
0	0
0,3	0,7824
0,6	0,6988
0,9	0,7144
1,2	0,8037
1,5	0,9475

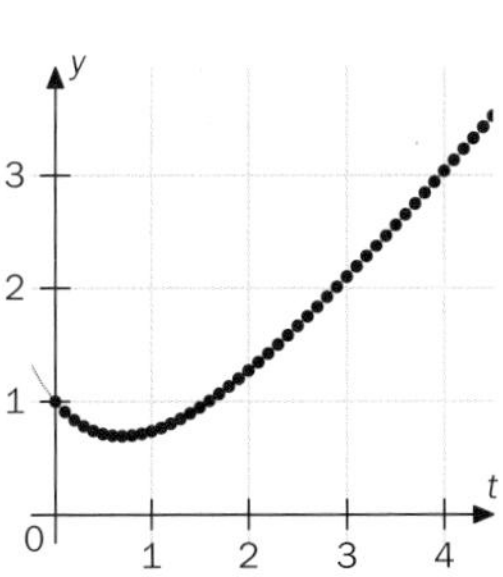

exakt: $y(t) = 2 \cdot e^{-t} + t - 1$; $y(1{,}5) \approx 0{,}9463$

Bei gleichem Δt sinkt der prozentuelle Fehler z. B. bei $t = 1{,}5$ von 3,64 % auf 0,13 %.

551 Im Buch ausgeführt.

552 Im Buch ausgeführt.

553 Im Buch ausgeführt.

554 Im Buch ausgeführt.

555 Auch hier gibt es keine eindeutige Lösung.
Eine Möglichkeit wäre:

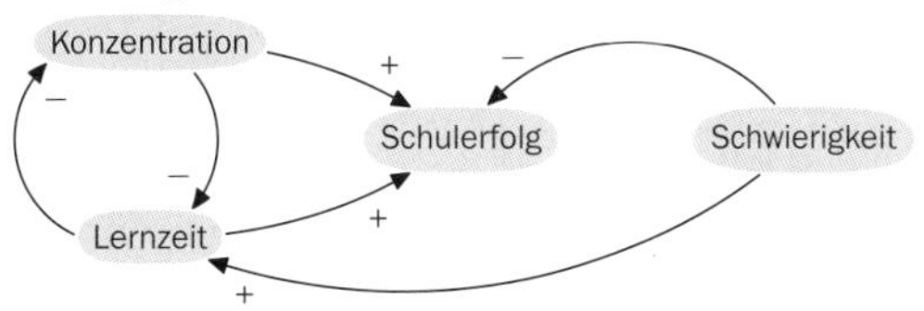

556 —

557

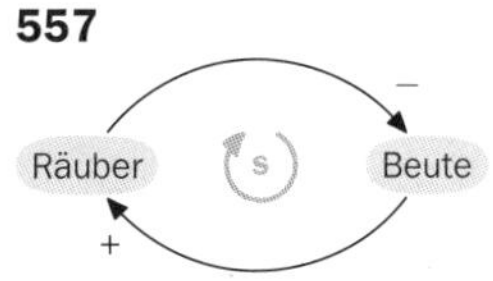

Die Rückkopplung ist stabilisierend.

558 —

559 Im Buch ausgeführt.

560 Im Buch ausgeführt.

561 Im Buch ausgeführt.

562 a)

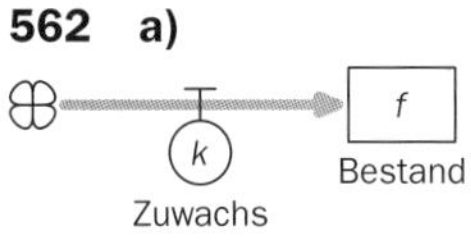

$f(x + \Delta x) = f(x) + r \cdot \Delta x$

wobei $r = k$ (Konstante)

b)

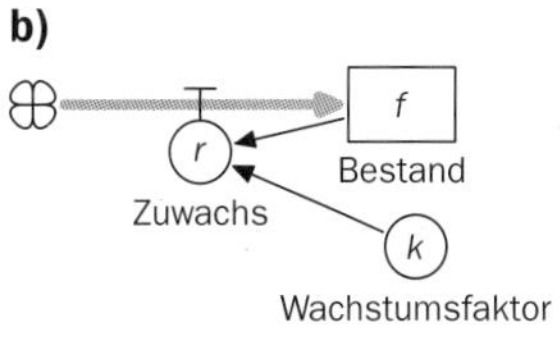

$f(x + \Delta x) = f(x) + r \cdot \Delta x$

wobei $r = k \cdot f(x)$

c)

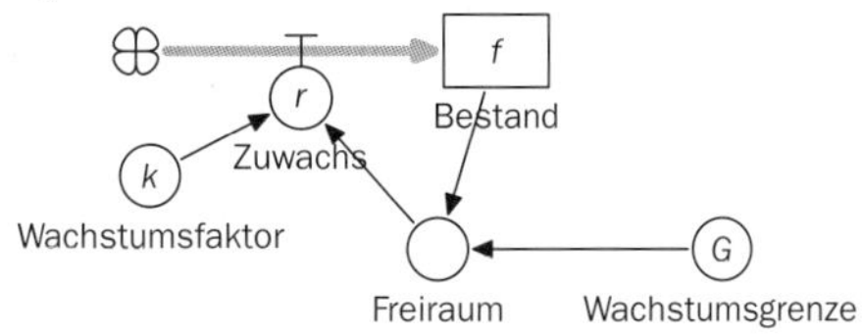

$f(x + \Delta x) = f(x) + r \cdot \Delta x$

wobei $r = k \cdot \big(G - f(x)\big)$

d)

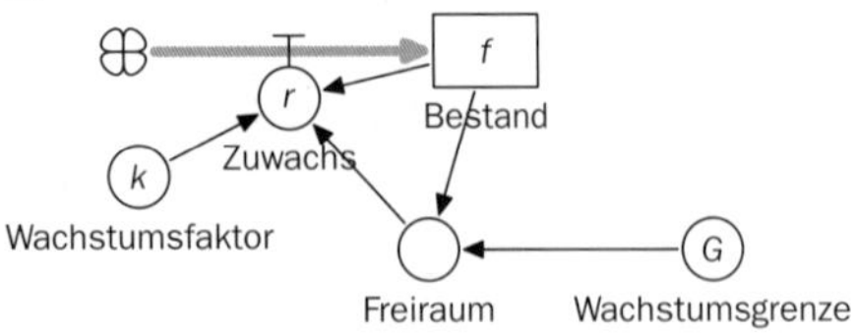

$f(x + \Delta x) = f(x) + r \cdot \Delta x$

wobei $r = k \cdot f(x) \cdot \big(G - f(x)\big)$

563

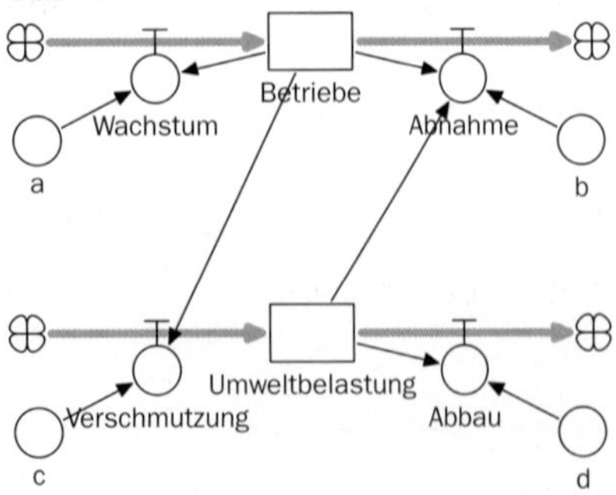

a) $B(t + \Delta t) = B(t) + r_B \cdot \Delta t$ mit $B(0) = 30$

wobei $r_B = 0{,}2 \cdot B(t) - 0{,}01 \cdot B(t) \cdot U(t)$

$U(t + \Delta t) = U(t) + r_U \cdot \Delta t$ mit $U(0) = 0$

wobei $r_U = 0{,}02 \cdot B(t) - 0{,}1 \cdot U(t)$

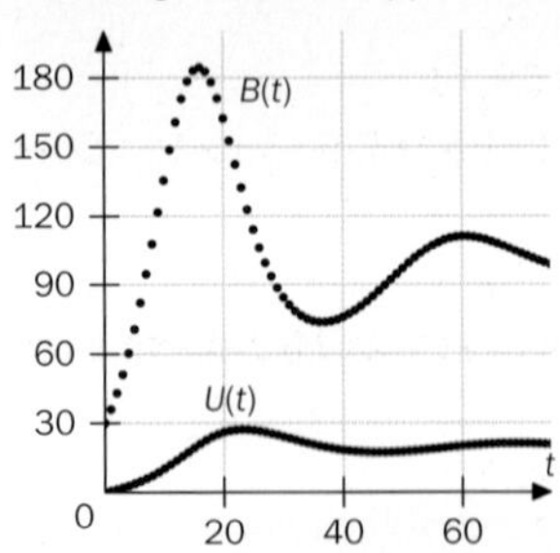

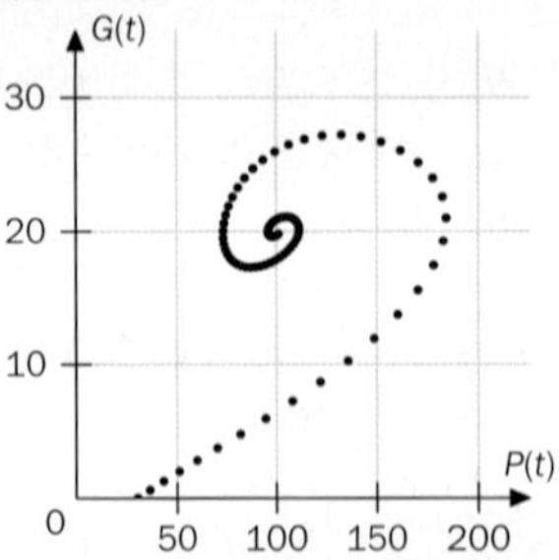

Nach einiger Zeit stellt sich ein Gleichgewicht ein.

b) $B(t + \Delta t) = B(t)$ und $U(t + \Delta t) = U(t)$

$\Rightarrow$ $B(t) = U(t) = 0$ oder $B(t) = 100$ und $U(t) = 20$

564 $y_n = 8000 \cdot 1{,}035^n$ (n in min)

$y_n = 10^8$ $\Rightarrow$ $t \approx 272{,}19$ min

Nach ca. 4,54 Stunden sind 100 Millionen Bakterien vorhanden.

565 $y_n = y_0 \cdot 0{,}944^n$

$y_n = 0{,}05 \cdot y_0$ $\Rightarrow$ $t \approx 51{,}86$ h

Nach 52 Stunden sind mehr als 95 % des Medikaments abgebaut.

566 **a)** linear: $y_n = 16{,}5 + 2{,}6\,n$

exponentiell: $y_n = 16{,}5 \cdot 1{,}158^n$

(n in Jahren seit 2008; y_n in Millionen Passagieren)

b) $\Delta y_n = 2{,}6 \cdot 0{,}95^n$ (n in Jahren seit 2009)

$y_n = 19{,}1 + 49{,}4 \cdot (1 - 0{,}95^n)$

$\lim\limits_{n \to \infty} y_n = 68{,}5$ Mio.

c) n in Jahren seit 2009:

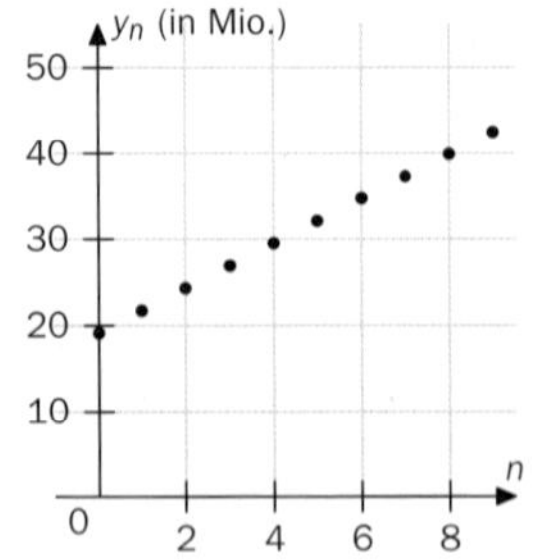

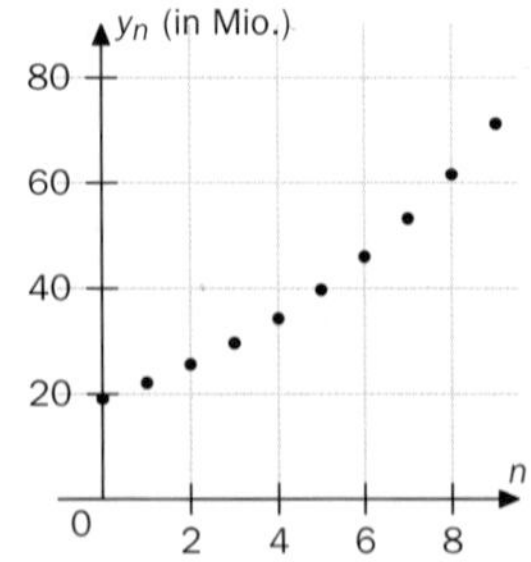

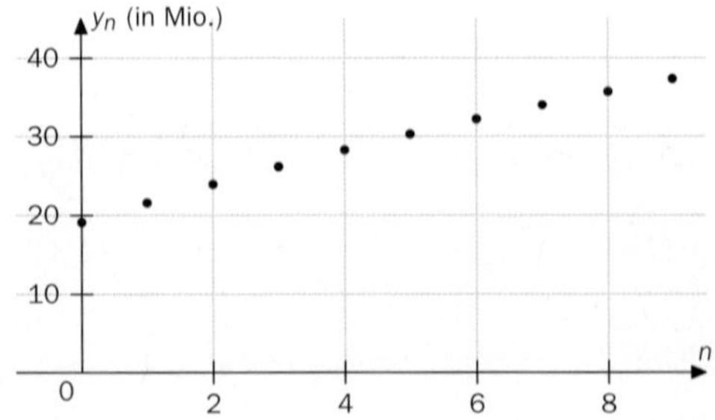

567 **a)** linear: $y_n = 2{,}5 + 0{,}072\,n$

jährlicher Zuwachs: konstant 72 Millionen

exponentiell: $y_n = 2{,}5 \cdot 1{,}018^n$

jährlicher Zuwachs: 1,8 %

(n in Jahren seit 1950; y_n in Milliarden Menschen)

b) $\Delta y_n = 0{,}072 \cdot 0{,}98^n$ (n seit 2000)

$y_n = 6{,}1 + 3{,}528 \cdot (1 - 0{,}98^n)$

c) n in Jahren seit 2000:

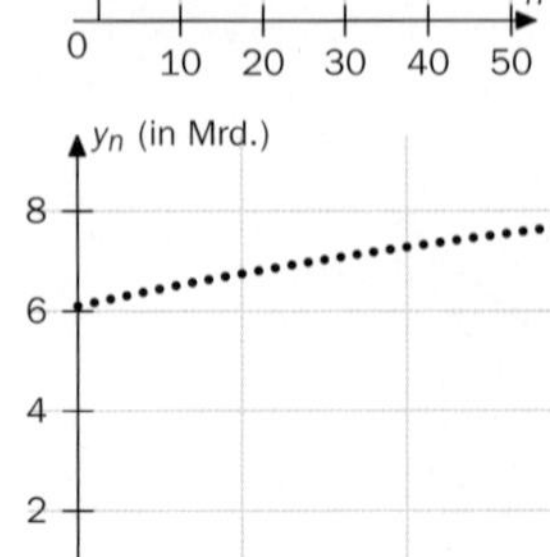

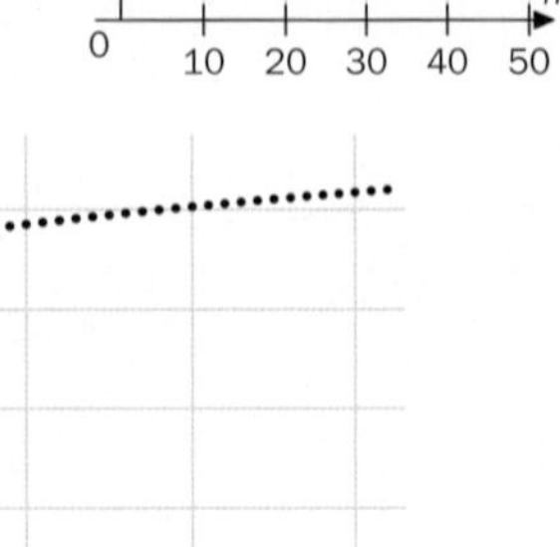

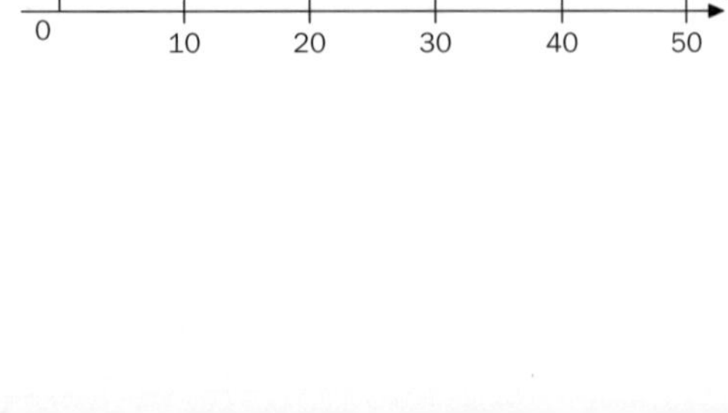

568 **a)** linear: $y_n = 185 + 5n$

$k = 5$: absolute Steigung pro Jahr

exponentiell: $y_n = 185 \cdot 1{,}023^n$

$k \approx 2{,}34\,\%$: relative Steigung pro Jahr

(n in Jahren seit 1990; y_n in 1000 Tonnen)

b) $\Delta y_n = 7000 - 0{,}02 \cdot y_n$ (n seit 2003)

$y_n = 350 - 100 \cdot 0{,}98^n$

c) n in Jahren seit 2003:

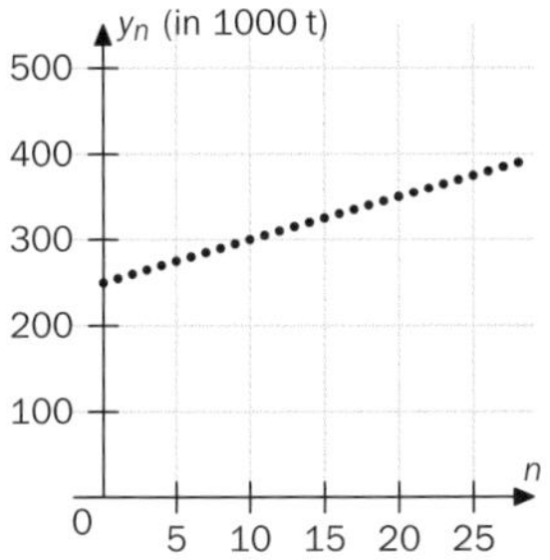

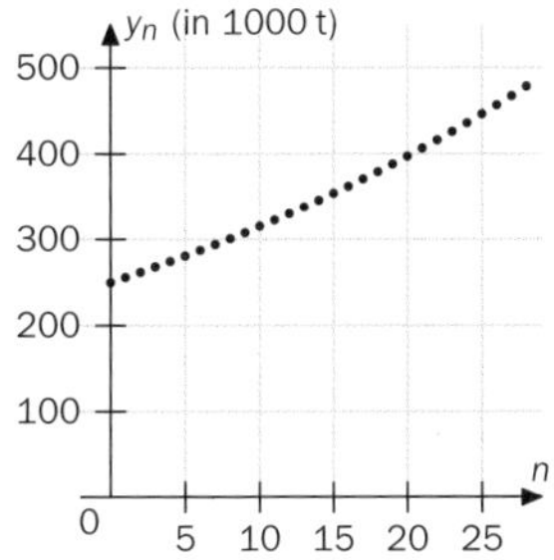

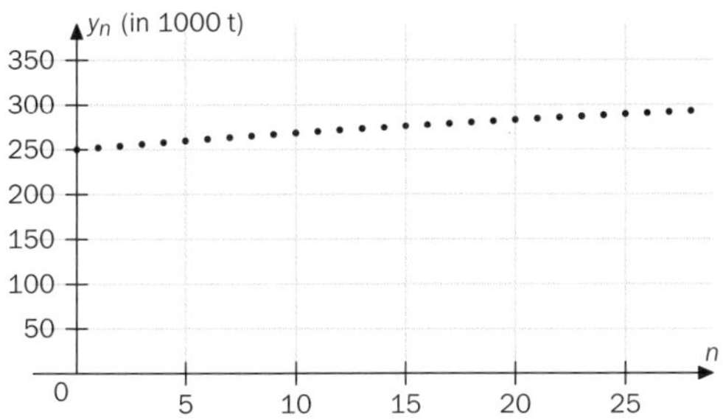

d) lineares Modell:

Summenformel: $250 \cdot (n+1) + 5 \cdot \frac{n \cdot (n+1)}{2} = 13\,000$

$n \approx 36{,}97 \Rightarrow$ bis 2040

exponentielles Modell:

Summenformel: $250 \cdot \frac{1{,}023^{n+1} - 1}{0{,}023} = 13\,000$

$n \approx 33{,}4 \Rightarrow$ bis 2036

begrenztes Modell:

Summenformel: $350 \cdot (n+1) - 100 \cdot \frac{1 - 0{,}98^{n+1}}{0{,}02}$

$n \approx 44{,}76 \Rightarrow$ bis 2047

569 **a)** $y_n = 10 \cdot 1{,}1^n$ (n in Tagen)

b) $y(t) = \frac{10\,000}{1 + 999 \cdot e^{-0{,}095\,t}}$

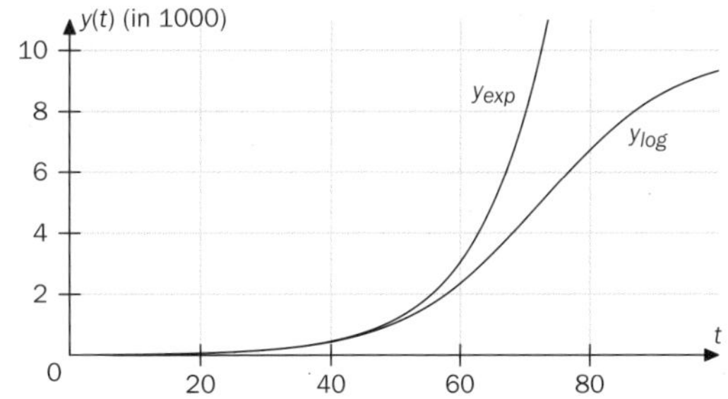

Zu Beginn verlaufen die beiden Modelle fast gleich, das exponentielle Modell hat jedoch keinen Grenzwert, sondern steigt immer stärker, während sich das logistische Modell der Wachstumsgrenze annähert. Das stärkste Wachstum findet in diesem Modell dann statt, wenn der halbe Grenzwert erreicht ist ($t \approx 72{,}39$ und $y(t) = 5000$).

570 **a)** $y_n = 1500 - 1480 \cdot 0{,}9995^n$

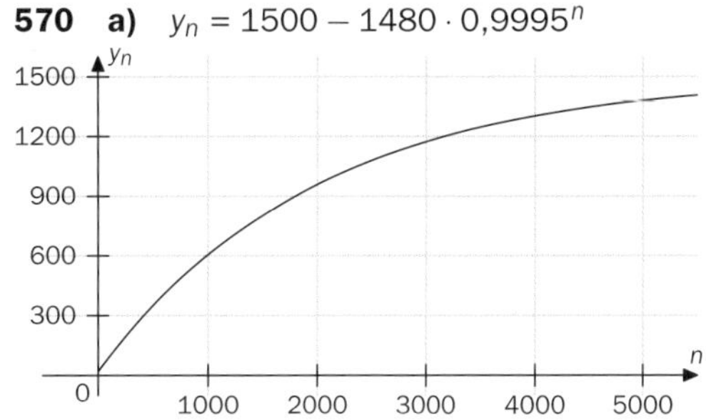

b) $y_n = 750 \Rightarrow n \approx 1359{,}11$

Die halbe Kapazität ist nach 1360 Zeiteinheiten überschritten.

$y_n = 1000 \Rightarrow n \approx 2169{,}84$

Die 1000-Einheiten-Grenze ist nach 2170 Zeiteinheiten überschritten.

c) $y_n = 1500 - 1450 \cdot 0{,}9995^n$

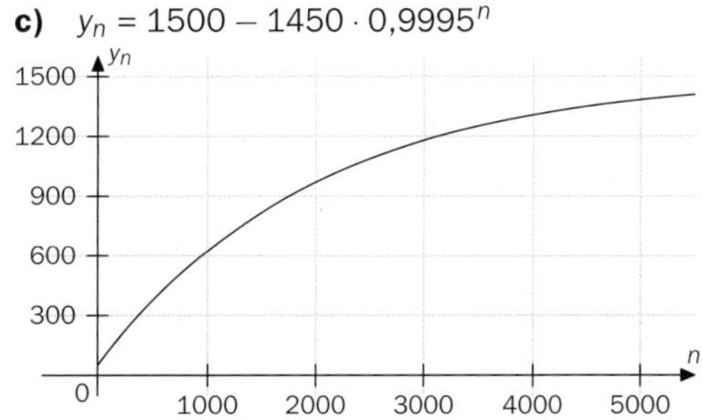

$y_n = 750 \Rightarrow n \approx 1318{,}16$

Die halbe Kapazität ist nach 1319 Zeiteinheiten überschritten.

$y_n = 1000 \Rightarrow n \approx 2128{,}89$

Die 1000-Einheiten-Grenze ist nach 2129 Zeiteinheiten überschritten.

571 $y(t) = \frac{100}{1 + 9 \cdot e^{-0{,}1\,t}}$

(t in Jahren seit 1950)

a) $y(30) \approx 69{,}06$

Nach 30 Jahren gibt es rund 69 Bären.

b) $y(t) = 99 \quad \Rightarrow \quad t \approx 67{,}92$

Im Jahr 2018 werden 99 Bären erreicht.

572 $y(t) = e^{0{,}048\,t}$ (t in Wochen)

$y(t) = 2 \quad \Rightarrow \quad t \approx 14{,}42$ Wochen

573 $y(t) = e^{-0{,}132\,t}$ (t in Jahren)

a) nach einem Jahr: 12,35 %

nach zwei Jahren: 23,17 %

b) $y(t) = 0{,}1 \quad \Rightarrow \quad t \approx 17{,}47$ Jahre

574 **a)** $m(t) = 52 \cdot e^{\lambda \cdot t}$

b) $\lambda \approx -0{,}0036$

c) $m(t) = 26 \quad \Rightarrow \quad t \approx 195{,}00$ Stunden

575 **a)** $I(x) = I_0 \cdot e^{-\lambda \cdot x}$

b) $\lambda \approx 0{,}384$

c) $I(x) = 500 \quad \Rightarrow \quad x \approx 1{,}22$ mm

$I(x) = 400 \quad \Rightarrow \quad x \approx 1{,}81$ mm

576 **a)** $m(t) = m_0 \cdot e^{-\lambda \cdot t}$

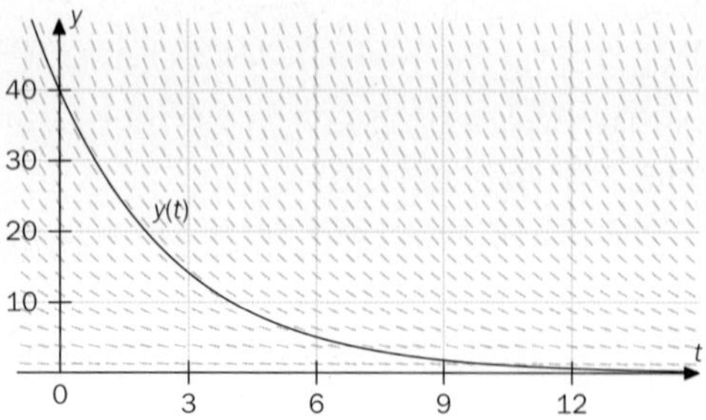

b) $m(t) = 40 \cdot e^{-0{,}346\,t}$

c) $m(t) = 0{,}01 \cdot m_0 \quad \Rightarrow \quad t \approx 13{,}32$ Minuten

577 $y(t) = 20 + 45 \cdot e^{-0{,}050\,t}$ (t in Minuten)

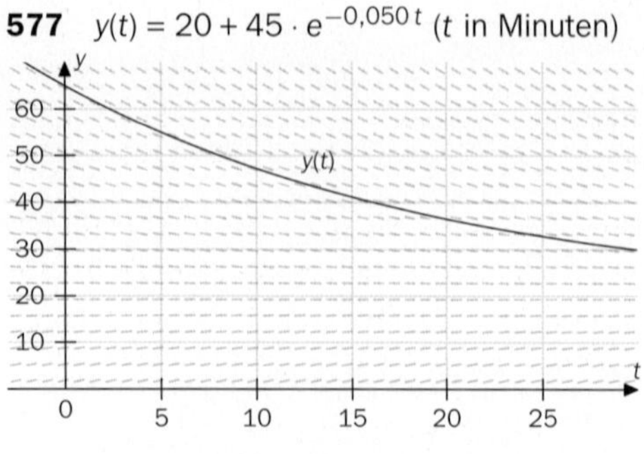

578 **a)** $\frac{dN}{dt} = 20 - 5\,N \quad \Rightarrow \quad N(t) = 4 + 6 \cdot e^{-5\,t}$

b)

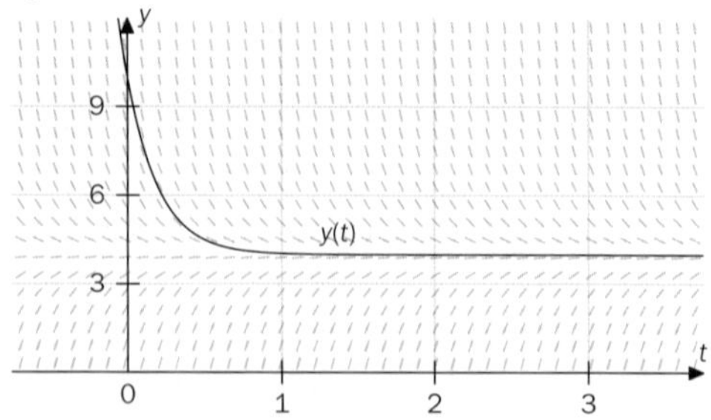

$\lim\limits_{t \to \infty} N(t) = 4\ \text{mg/m}^2$

579 **a)** $\frac{dy}{dt} = \lambda \cdot (100\,000 - y)$

$y(t) = 100\,000 \cdot (1 - e^{\lambda \cdot t})$

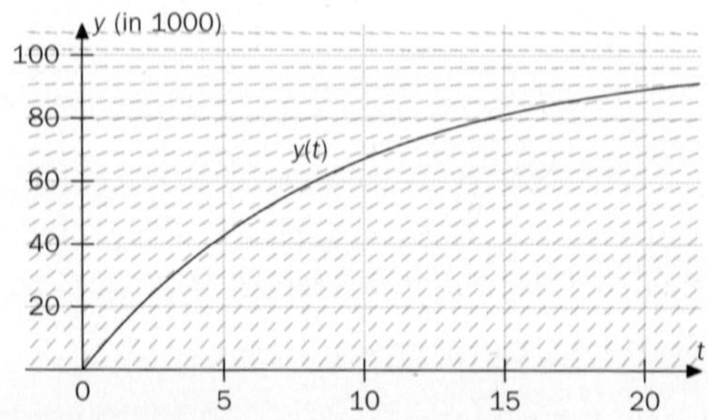

b) $y(t) = 100\,000 \cdot (1 - e^{-0{,}112\,t})$

$y(t) = 99\,000 \quad \Rightarrow \quad t \approx 41{,}28$ Wochen

580 **a)** $\frac{dy}{dt} = \lambda \cdot y \cdot (1000 - y)$

$y(t) = \frac{1000}{1 + 19 \cdot e^{-0{,}228\,t}}$

b) $y(2) \approx 76{,}65$; $y(3) \approx 94{,}41$

$y(10) \approx 339{,}35$; $y(20) \approx 833{,}69$

c) $y(t) = 500 \quad \Rightarrow \quad t \approx 12{,}92$ Tage

$y(t) = 995 \quad \Rightarrow \quad t \approx 36{,}16$ Tage

581 **a)** $\frac{dA}{dt} = \lambda \cdot A \cdot (2000 - A)$

$A(t) = \frac{2000}{1 + 999 \cdot e^{-0{,}471\,t}}$

b) $A(t) = 1000 \quad \Rightarrow \quad t \approx 14{,}68$

In diesem Punkt ist auch die Steigung am stärksten.

Dies gilt auch allgemein: Die Steigung des logistischen Wachstums ist genau dann am stärksten, wenn 50 % des Maximalwerts erreicht sind.

Beweis: siehe Aufgabe 585 d)

582 $\lim\limits_{t \to \infty} e^{-\lambda \cdot t} = 0 \quad \Rightarrow \lim\limits_{t \to \infty} y(t) = G$

583 $y''(t) = \underbrace{\lambda^2}_{>0} \cdot (y_0 - G) \cdot \underbrace{e^{-\lambda \cdot t}}_{>0}$

$\Rightarrow$ Das Vorzeichen hängt vom Term $(y_0 - G)$ ab:

a) $y(0) < G \quad \Rightarrow \quad y(0) - G < 0 \quad \Rightarrow$ negativ gekrümmt

b) $y(0) > G \quad \Rightarrow \quad y(0) - G > 0 \quad \Rightarrow$ positiv gekrümmt

584 exponentielles Wachstum: $y' = \lambda \cdot y$
beschränktes Wachstum: $y' = \lambda \cdot (G - y)$
logistisches Wachstum: $y' = \lambda \cdot y \cdot (G - y)$
Das logistische Wachstum verhält sich zu Beginn ähnlich wie das exponentielle Wachstum, wird dann, wenn es sich der Hälfte der Wachstumsgrenze nähert, kurz annähernd linear und verhält sich danach wie ein begrenztes Wachstum.

585 a) $y(t) = \frac{y_0 + G}{2}$ $\quad t = -\frac{\ln\left(\frac{y_0}{y_0+G}\right)}{G \cdot \lambda}$
b) $y'(t) = \frac{G^2 \cdot y_0 \cdot \lambda \cdot (G - y_0)}{e^{G\cdot\lambda\cdot t} \cdot (y_0 + (G - y_0) \cdot e^{-G\cdot\lambda\cdot t})^2}$
Mit $\lambda > 0$ und $G - y_0 > 0$ folgt, dass $y'(t) > 0$ gilt. Somit ist $y(t)$ streng monoton steigend.
c) Ergibt sich aus der Erweiterung des ursprünglichen Terms mit $e^{G \cdot \lambda t}$.
d) $y''(t) = \frac{G^3 \cdot \lambda^2 \cdot y_0 \cdot (G - y_0)}{e^{G\cdot\lambda\cdot t} \cdot (y_0 + (G - y_0) \cdot e^{-G\cdot\lambda\cdot t})^2} \cdot \left(\frac{2 \cdot (G - y_0)}{G + y_0 \cdot (e^{G\cdot\lambda\cdot t} - 1)} - 1\right)$

$y''(t) = 0 \quad \Rightarrow \quad \left(\frac{2 \cdot (G - y_0)}{G + y_0 \cdot (e^{G\cdot\lambda\cdot t} - 1)} - 1\right) = 0$
(Der erste Bruch ist nur bei $G = y_0$ gleich 0, in diesem Fall liegt aber kein logistisches Wachstum mehr vor.)
$\Rightarrow \quad t = \frac{\ln\left(\frac{G-y_0}{y_0}\right)}{G \cdot \lambda} \quad \Rightarrow \quad y\left(\frac{\ln\left(\frac{G-y_0}{y_0}\right)}{G \cdot \lambda}\right) = \frac{G}{2}$
Das logistische Wachstum hat seinen Wendepunkt und somit das maximale Wachstum genau dann, wenn 50 % des Maximalwerts erreicht sind.

586 *Hinweis:* Die Ausführung verläuft analog zu Aufgabe 528.
a) $\frac{dv}{dt} = 10 - 0{,}004\,v^2$
$v(t) = 50 \cdot \frac{1 - e^{-0{,}4t}}{1 + e^{-0{,}4t}}$
b) $\lim\limits_{t \to \infty} v(t) = 50\,\text{m/s} = 180\,\text{km/h}$

587 a) $s(t) = 0{,}2 \cdot \sin(4t + \frac{\pi}{2})$
b) $v(t) = 0{,}8 \cdot \underbrace{\cos(4t + \frac{\pi}{2})}_{\leq 1} \quad \Rightarrow \quad v_{max} = 0{,}8\,\text{m/s}$
c) $f = \frac{\omega}{2\pi} = \frac{2}{\pi}$

588 a) $y(t) = t^2 + t + c$
b) $y(t) = 2t^2 + 3t + c$
c) $y(t) = \frac{t^3}{6} - \frac{t^2}{2} + c_1 \cdot t + c_2$
d) $y(t) = \frac{5}{6}t^3 - \frac{5}{2}t^2 + c_1 \cdot t + c_2$

589 a) $y(t) = \sqrt{\frac{2}{3}t^3 + c}$
b) $y(t) = c \cdot e^{-\frac{1}{t}}$
c) $y(t) = c \cdot t^k$
d) $y(t) = c \cdot e^{\sin t}$

590 $y(t) = e^{-t^2}$

591 a) $x_{n+1} = 1{,}12\,x_n - 0{,}004 \cdot x_n \cdot y_n; \quad x_0 = 200$
$y_{n+1} = 0{,}9\,y_n + 0{,}0003 \cdot x_n \cdot (80 - y_n); \quad y_0 = 20$
b)

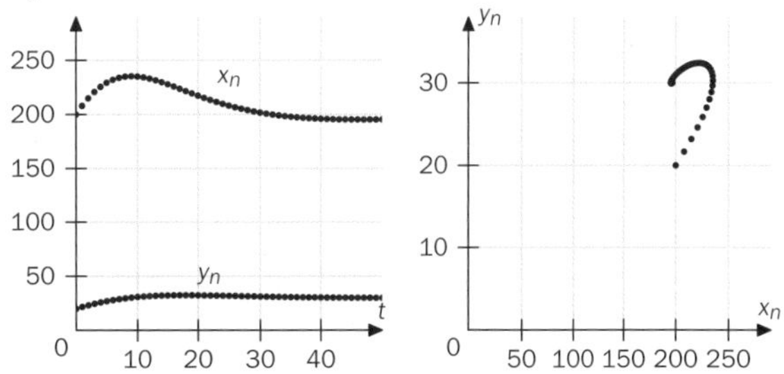

c) Gleichgewicht bei $x_n = 200$ und $y_n = 30$

592 $x_{n+1} = 1{,}18\,x_n - 0{,}005 \cdot x_n \cdot y_n; \quad x_0 = 1500$
$y_{n+1} = 0{,}85\,y_n + 0{,}0001 \cdot x_n \cdot y_n; \quad y_0 = 25$

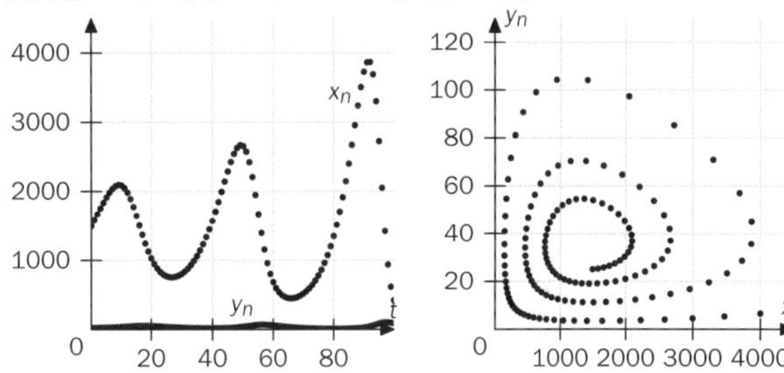

Es stellt sich kein Gleichgewicht ein, die Schwankungen werden immer stärker.

593 a) $x_{n+1} = 1{,}18\,x_n - 0{,}005 \cdot x_n \cdot y_n; \quad x_0 = 1500$
$y_{n+1} = 0{,}85\,y_n + 0{,}0001 \cdot x_n \cdot y_n; \quad y_0 = 25$
Gleichgewicht bei $x_n \approx 643$ und $y_n = 36$

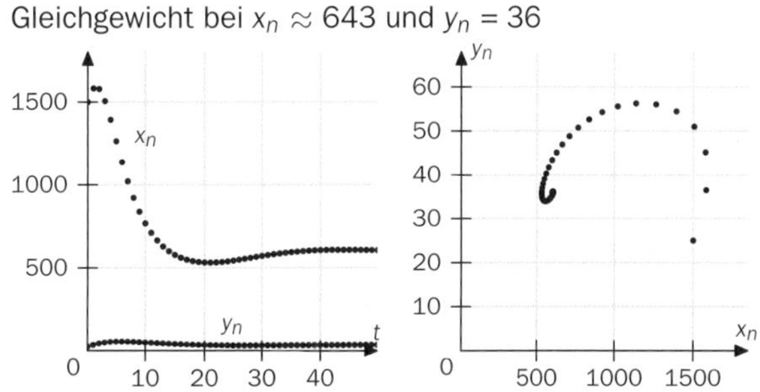

b) Geschlossene Kurven stellen eine periodische Entwicklung dar, nach innen laufende Spiralen die Entstehung eines Gleichgewichts und nach außen laufende Spiralen eine Eskalation.

594 a) $x_{n+1} = 0{,}35\,x_n + 0{,}45\,y_n; \quad x_0 = 200$
$y_{n+1} = 0{,}65\,x_n + 0{,}55\,y_n; \quad y_0 = 120$
b) $x_1 = 124; \quad x_2 = 131{,}6; \quad x_3 = 130{,}84$
$y_1 = 196; \quad y_2 = 188{,}4; \quad y_3 = 189{,}16$
c) Gleichgewicht bei $x_n \approx 130{,}91$ und $y_n \approx 189{,}09$

595 $y_n = y_0 + n \cdot b \quad \Rightarrow \quad$ lineare Funktion

596

	$G > y_0$	$G < y_0$
$k < 0$		
$0 < k < 1$		
$k = 1$		
$1 < k < 2$		
$k = 2$		
$k > 2$		

597

	$\frac{e}{c} > y_0$	$\frac{e}{c} < y_0$
$c > 0$		
$-1 < c < 0$		
$c = -1$		
$-2 < c < -1$		
$c = -2$		
$c < -2$		

598 —

599 ② ④
③ ①

600 ① ④
② ③

601 —

602 —

603 Die Antworten 1, 2, 3 und 5 sind richtig.

604 ③ ①
④ ②

605 … lineares … gleichbleibende Zuwächse …

606 Die vierte Antwort ist richtig.

607 Die dritte Antwort ist richtig.

608 ② ③ ①

609 ② ▢ ③ ①

610 Die Antworten 1 und 2 sind richtig.

611 … exponentielles Wachstum … die Bevölkerungszuwächse annähernd proportional zur Bevölkerungszahl sind …

612 Alle Antworten sind richtig.

Thema: Das Räuber-Beute-Modell

T1 $x_n = 200$ und $y_n = 30$
bzw. $x_n = 1500$ und $y_n = 36$

T2 $x_{n+1} = x_n + 0{,}1 \cdot y_n;\quad x_0 = 100$
$y_{n+1} = y_n + 0{,}1 \cdot x_n;\quad y_0 = 300$

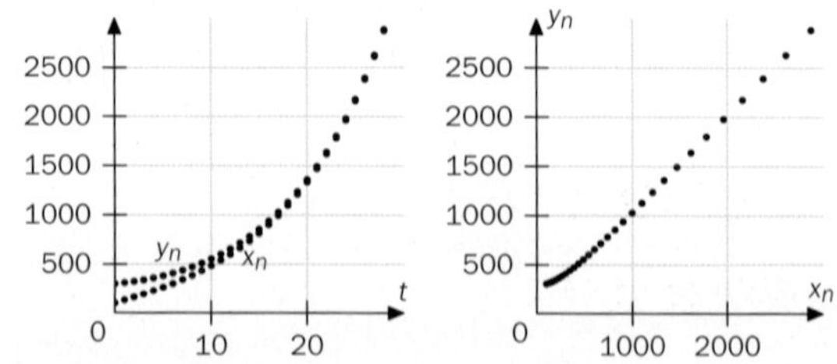

T3 $x_{n+1} = x_n - 0{,}1 \cdot y_n;\quad x_0 = 300$
$y_{n+1} = y_n - 0{,}1 \cdot x_n;\quad y_0 = 200$

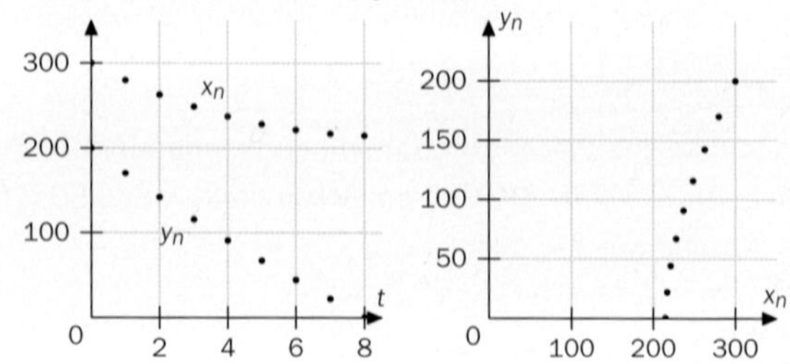

5. Vorbereitung auf die schriftliche Reifeprüfung

613 ☒ ☐ ☐ ☒ ☐

614 [B] [C] [F] [A]

615 Die Zahl $\frac{\sqrt{3}}{2}$ ist eine *irrationale* Zahl, weil die Darstellung *als Bruch zweier natürlicher Zahlen nicht möglich ist*.

616 ☒ ☐ ☒ ☒ ☐

617 ☒ ☐ ☒ ☒ ☐

618 [C] [A] [E] [D]

619 [D] [C] [A] [B]

620 ☐ ☐ ☒ ☐ ☒

621 [D] [E] [C] [B]

622 **(i)** $m = 2b$ **(ii)** $b = m - 6$

623 $p_e = \frac{10}{11}x$, $p_n = 0{,}1x$

624 [A] [E] [B] [D]

625 $s(v) = \frac{v+10}{2}$

626 **(i)** $0{,}85w$ **(ii)** $0{,}85 \cdot 0{,}98w = 0{,}833w$

627 **(i)** $\left(\frac{2}{3x}\right)^2$ **(ii)** $x^{\frac{3}{2}}$ **(iii)** $x^{-\frac{1}{2}}$

628 $x = -\frac{15}{2}$

629 ☒ ☒ ☐ ☒ ☐

630 $c = \frac{5f-160}{9}$

631 Es wurden 32 000 € zu 6 % und 18 000 € zu 2,5 % angelegt.

632 Der *Preis pro gefahrenem Kilometer* beträgt *a* €.

633 $\mathbb{L} = \{1, -\frac{2}{3}\}$

634 ☒ ☐ ☐ ☐ ☐ ☐

635 Wenn $p^2 < 4q$ ist, so hat die Gleichung sicher *keine reelle Lösung*.

636 $4 = 3x - 2x^2$, $0 = x^2 - \frac{3}{2}x + 2$

637

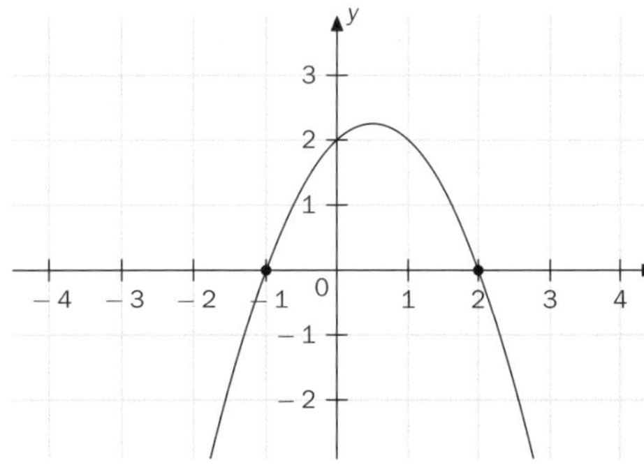

638 $x < -\frac{9}{7}$

639 ☐ ☒ ☐ ☒ ☐

640 $e \geq 147{,}1 \cdot 10^6$ km, $e \leq 152{,}1 \cdot 10^6$ km

641 ☒ ☐ ☐ ☐ ☒

642 ☐ ☐ ☒ ☐ ☐ ☐

643 $x = 2$, $y = -3$

644 $a = -6$

645 ☐ ☒ ☐ ☒ ☒

646 $x = 1$, $y = -1$

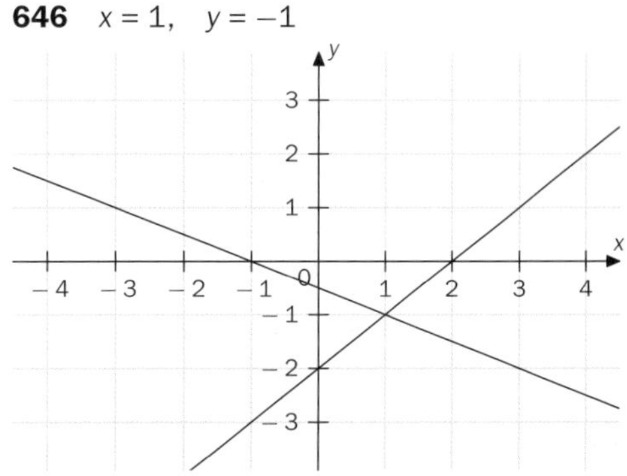

647 Wenn die Geraden g_I und g_{II} *zueinander parallel sind*, dann hat das Gleichungssystem *keine Lösung*.

648 $\vec{p} = (5{,}20; 5{,}70; 5{,}70; 6{,}50; 6{,}90; 7{,}10; 1{,}30; 4{,}00; 3{,}50; 1{,}90; 1{,}90; 2{,}50)$,
$\vec{b} = (0, 2, 0, 1, 0, 1, 0, 2, 4, 3, 1, 0)$

649 **(i)** 6 SchülerInnen; 180 € pro Person
(ii) 24 SchülerInnen

650 [A] [C] [E] [F]

651 $\overrightarrow{AB} = \begin{pmatrix} 3 \\ -1 \end{pmatrix}$, $\overrightarrow{AC} = \begin{pmatrix} 4 \\ 2 \end{pmatrix}$, $\overrightarrow{BC} = \begin{pmatrix} 1 \\ 3 \end{pmatrix}$

652

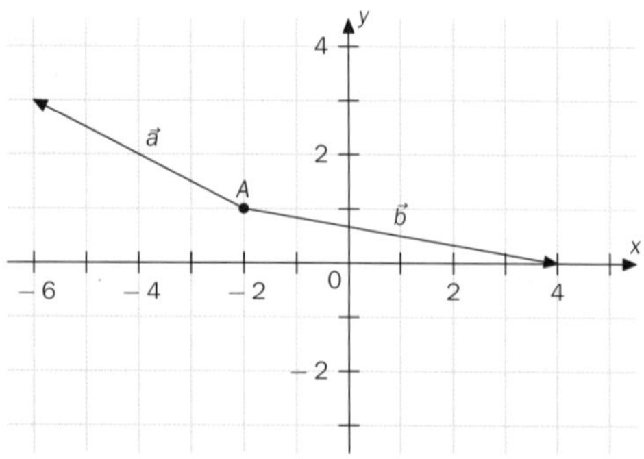

653 $A(3|0|0)$ $B(3|4|0)$ $C(0|4|0)$ $D(0|0|0)$ $S(1{,}5|2|5)$

654 Hier sind mehrere Lösungen möglich z. B.:

$\vec{p}_1 = \begin{pmatrix}0\\0\\1\end{pmatrix}$ $\vec{p}_2 = \begin{pmatrix}0\\1\\0\end{pmatrix}$ $\vec{p}_3 = \begin{pmatrix}1\\0\\0\end{pmatrix}$

655 ☐ ☒ ☒ ☐ ☐

656 ☐ ☐ ☒ ☐ ☒

657 Die beiden Pfeile *schließen einen rechten Winkel ein*, weil *das skalare Produkt gleich null ist*.

658 ☐ ☒ ☒ ☐ ☐

659 (B) (D) (A) (C)

660 ☐ ☒ ☐ ☒ ☐

661 ☐ ☒ ☒ ☐ ☒

662 $P(2|7)$

663 z. B. $g\colon X = \begin{pmatrix}0\\3\end{pmatrix} + t \cdot \begin{pmatrix}-1\\2\end{pmatrix}$

664 z. B. $h\colon X = \begin{pmatrix}0\\0\\0\end{pmatrix} + s \cdot \begin{pmatrix}2\\3\\-1\end{pmatrix}$

665 Der Punkt Q *liegt nicht auf der Geraden g*, weil es *keinen passenden Wert für t gibt, sodass*

$Q = \begin{pmatrix}2\\1\\-3\end{pmatrix} + t \cdot \begin{pmatrix}2\\-1\\1\end{pmatrix}$ *ist.*

666 ☒ ☒ ☐ ☐ ☐

667 $\vec{n}_a = \begin{pmatrix}-1\\4\end{pmatrix}$, $\vec{n}_b = \begin{pmatrix}1\\2\end{pmatrix}$

668 Ein Normalvektor zu $\vec{a}$ ist $\vec{c}$, denn diese beiden Vektoren *haben skalares Produkt gleich null*.

669 $t = \frac{3}{2}$

670 ☐ ☒ ☒ ☐ ☐

671 ☐ ☒ ☒ ☒ ☐

672 22,51 m

673 (B) (C) (D) (E)

674 $\tan \varphi = \frac{y_P}{x_P}$ bzw. $\varphi = \arctan \frac{y_P}{x_P}$

675 ☐ ☒ ☒ ☒ ☒

676 (B) (A) (D) (C)

677 $90° < \alpha < 180°$, z. B. $\alpha = 100°$

678 **(i)** *a* **(ii)** *d*

679 30° und 150°

680 Eine Zuordnung $x \mapsto y$ ist genau dann eine Funktion $f\colon D_f \to W_f,\ x \mapsto y = f(x)$, wenn *jedem* $x \in D_f$ *genau ein* $y \in W_f$ zugeordnet wird.

681 ☐ ☐ ☐ ☒ ☒

682 ☐ ☐ ☐ ☒ ☒

683 ☒ ☐ ☒ ☒ ☐

684 ☒ ☒ ☒ ☒ ☒

685 ☐ ☒ ☒ ☒ ☐

686 **(i)** quadratische Funktion **(ii)** lineare Funktion

687 (B) (C) (D) (A)

688

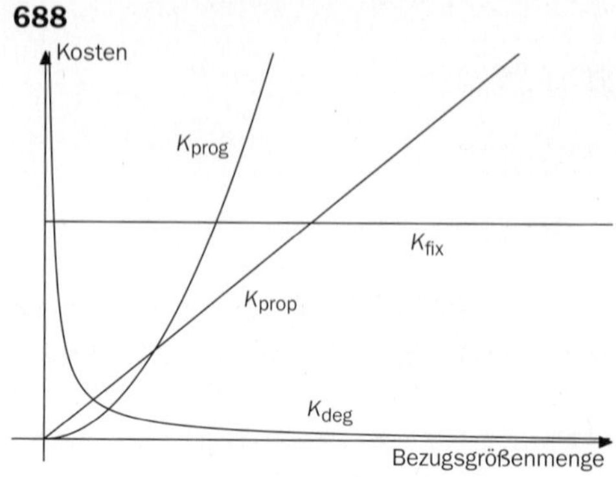

689

x	–3	–1	1	2	3
$f(x)$	–3	0	1	0	2

690

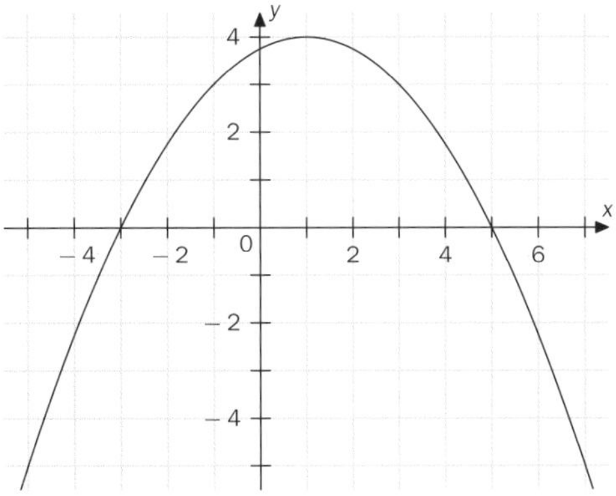

691

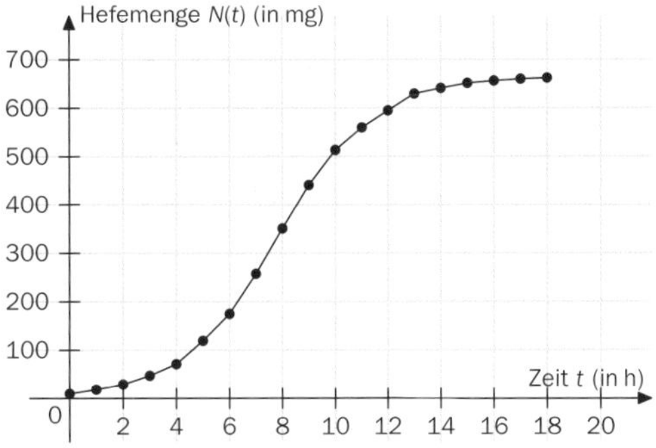

692 ☐ ☐ ☒ ☒ ☒

693 ☐ ☐ ☒ ☐ ☒

694 ☐ ☒ ☐ ☐ ☐

695 ☒ ☐ ☐ ☒ ☐

696 **(i)** Anfangskapital $A = K(0) = 1500$
(ii) Kapital nach 10 Jahren: $K(10) = 2676{,}59$

697 ☐ ☒ ☒ ☐ ☐

698 ☐ ☐ ☒ ☒ ☒

699 ☒ ☐ ☒ ☒ ☐

700 Die Einwohnerzahl steigt im Wesentlichen streng monoton bis auf einige kurze Perioden wie z. B. die Zeit des 2. Weltkriegs. Bis in etwa die zweite Hälfte des vorigen Jahrhunderts hat sie beschleunigt zugenommen, mittlerweile ist das Wachstum wieder langsamer.

701 $W(10|33)$
Die (anfangs hohe) Beschleunigung wird bis zum Wendepunkt kleiner, danach beschleunigt der Sportwagen wieder immer stärker.

702

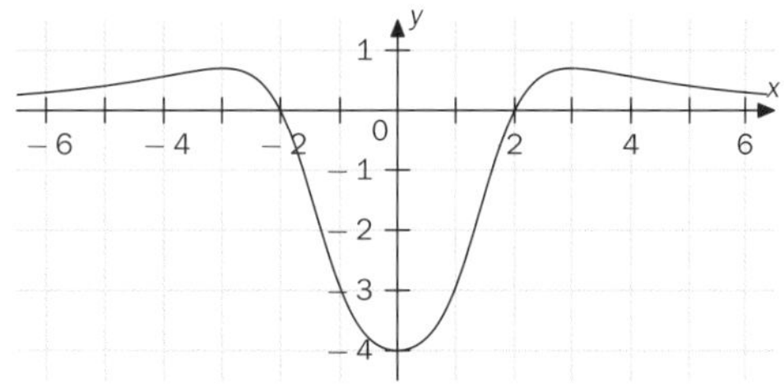

703 $S_1(-4|0)$, $S_2(1|2)$

704 $x_1 \approx -1{,}366$, $f(x_1) \approx -1{,}732$,
$x_2 \approx 0{,}366$, $f(x_2) \approx 1{,}732$

705 Ab einer Brenndauer von ca. 230 h ist eine Energiesparlampe günstiger als eine Glühbirne.

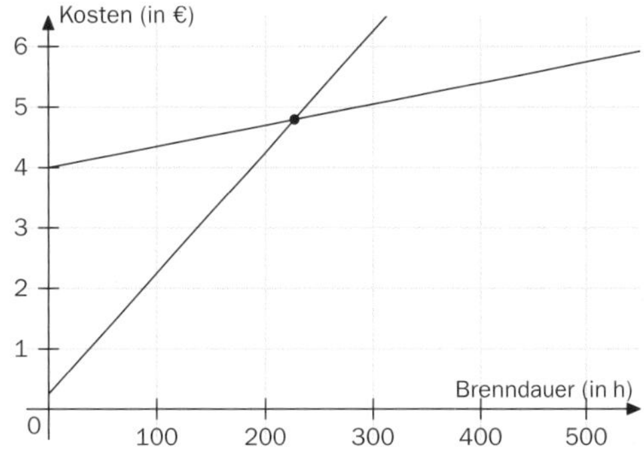

706 Im Schnittpunkt S ist das Angebot gleich groß wie die Nachfrage, also die Produktionsmenge bzw. der Preis pro Einheit optimal.

707 Steigt/sinkt die Beutepopulation, so steigt/sinkt mit einer gewissen Zeitverzögerung auch die Räuberpopulation.

708 $V(2, 4) = \frac{16}{3} \approx 5{,}33$ bedeutet, dass eine quadratische Pyramide mit Seitenlänge 2 E und Höhe 4 E ein Volumen von 5,33 E^2 hat.

709 $K(10; 1{,}5\,\%; 1500\,€) = 1740{,}81\,€$

710 ☐ ☒ ☒ ☐ ☐

711 ☒ ☒ ☐ ☒ ☐

712 ☐ ☐ ☐ ☒ ☒

713 ☐ ☒ ☐ ☒ ☒

714 ☒ ☐ ☒ ☐ ☒

715 Durch die *erste* Wertetabelle ist sicher keine lineare Funktion festgelegt, weil *einige Funktionswerte mehr als einmal auftreten.*

716

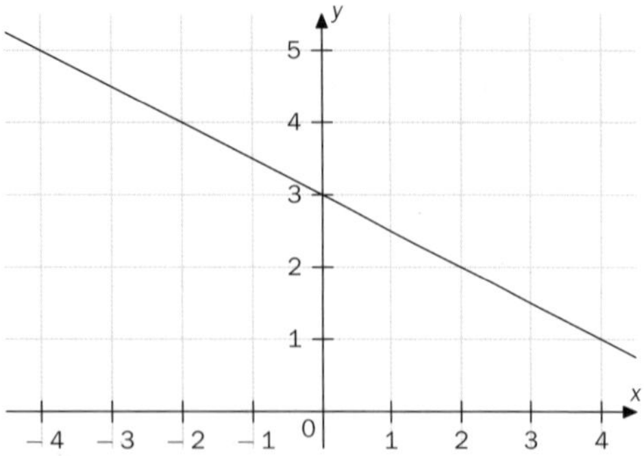

717 ab 286 h

718 $k = -0{,}75$; $d = 2$

719 $k = -0{,}5$; $d = 3$

720 a … Fixkosten, b … Kosten pro Mengeneinheit

721 ☐ ☐ ☐ ☐ ☒ ☐

722 ☒ ☐ ☒ ☐ ☐

723 ☒ ☒ ☐ ☐ ☐

724 ☒ ☐ ☐ ☒ ☐

725 $s(t) = v \cdot t + s_0$

726 80 kann interpretiert werden als Länge des Eisenträgers bei 20 °C.
0,000944 kann interpretiert werden als die Ausdehnung bei 1 °C Temperaturunterschied.

727 $T_R(T_C) = \frac{21}{40}\,T_C + 7{,}5$

728 Ein lineares Modell ist für die Beschreibung des Wachstumsprozesses sinnvoll, wenn *die absolute Änderung pro Stunde (annähernd) konstant* ist.

729 ☐ ☒ ☐ ☐ ☒

730 ☐ ☐ ☒ ☒ ☐

731 ☒ ☐ ☐ ☐ ☒

732 $M = 0{,}1\,n$

733 ☐ ☒ ☐ ☒ ☒

734 [F] [E]
[A] [C]

735

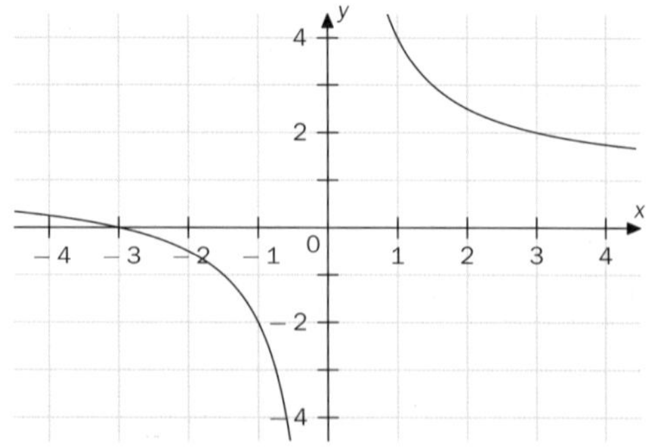

736 ☒ ☐ ☐ ☒ ☐

737 $a = 2$, $z = 3$

738 $a = 2$, $b = 3$

739

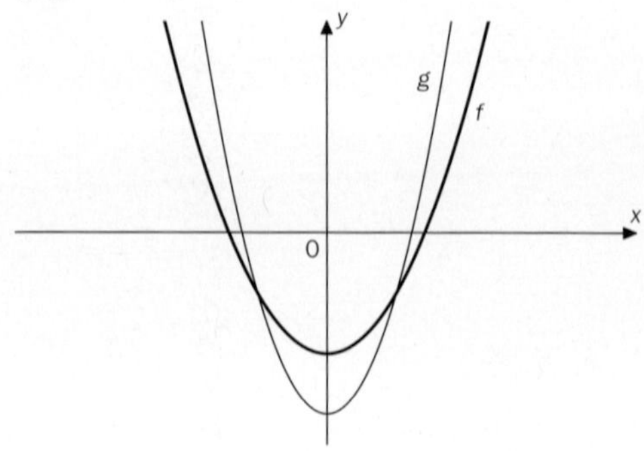

740 ☒ ☐ ☒ ☐ ☐

741 ☐ ☒ ☐ ☐ ☒

742 ☐ ☒ ☐ ☒ ☐

743 $t = \frac{24}{p}$

744 [B] [D]
[A] [C]

745 Die gegebene Polynomfunktion hat mindestens Grad *4*, weil sie *zwei Wendepunkte* hat.

746

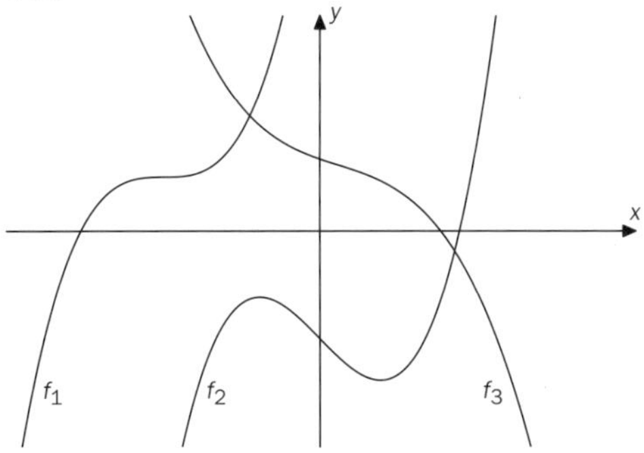

747

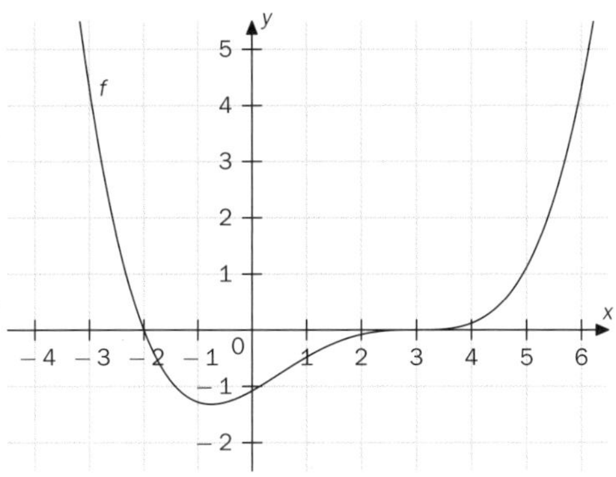

748

x	−3	−2	−1	0	1	2	3
$f(x)$	45	2	1,1	1	0,9	0	−25

749

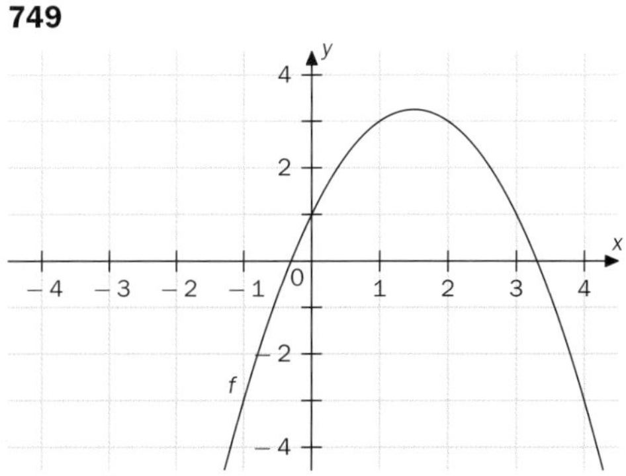

750 Wurfweite: 22,42 m, Körpergröße: 1,85 m

751 **(i)** 10 000 € **(ii)** ca. 3400 Stück

752 ☒ ☐ ☒ ☒ ☐

753 [C] [A] [D] [B]

754

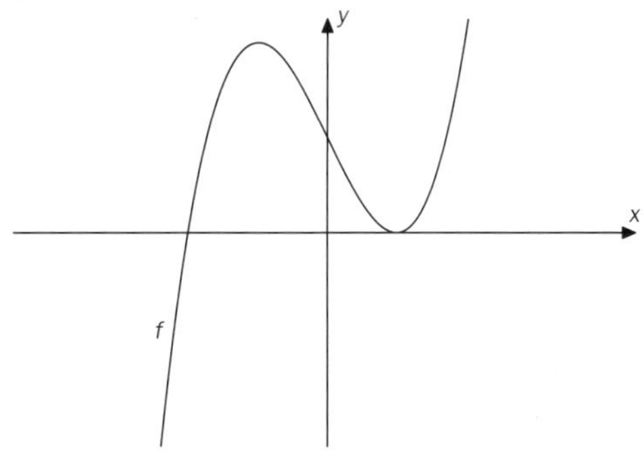

755 ☒ ☐ ☒ ☐ ☐

756 ☒ ☐ ☒ ☒ ☐

757 $a = 1$, $b = 3$

758 $f(x) = 3 \cdot 1{,}5^x$

759

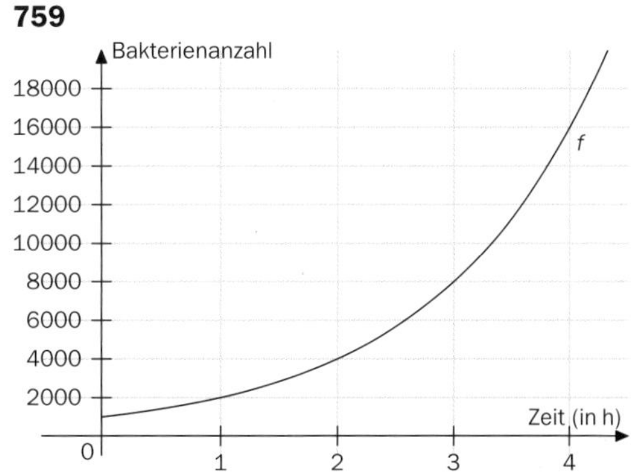

760 ☒ ☒ ☐ ☐ ☒

761 **(i)** 39 % **(ii)** nach 5 Jahren

762 $K_0 = 12\,500$ €, $p = 2{,}5$ %

763 ☒ ☐ ☐ ☒ ☐

764

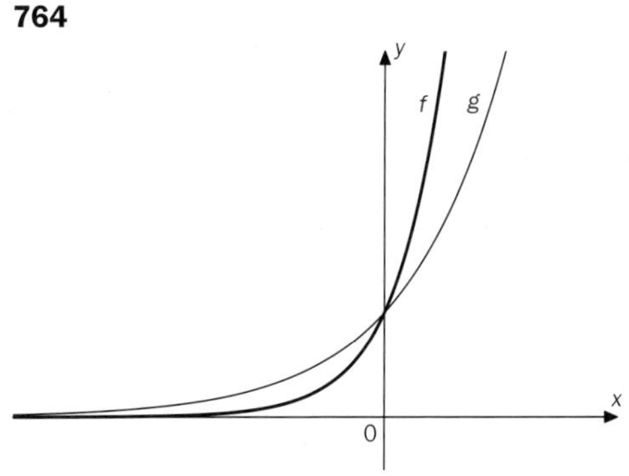

765 ☒ ☐ ☒ ☐ ☐

766 ☐ ☒ ☒ ☐ ☐

767 ☐ ☒ ☐ ☒ ☐

768 ☒ ☐ ☒ ☐ ☐

769 ☐ ☐ ☒ ☐ ☒

770

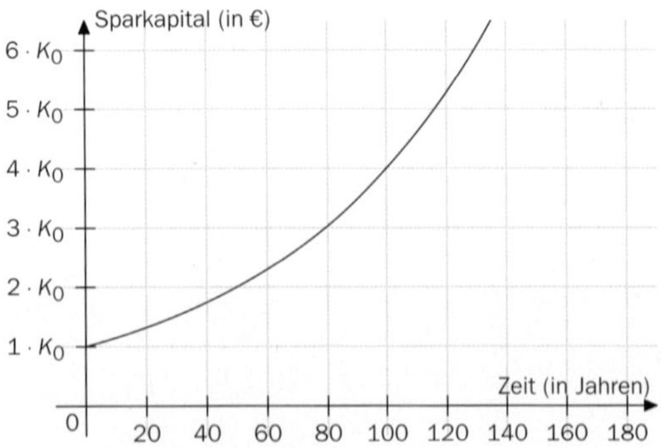

771 Halbwertszeit ≈ 5728 Jahre

772 Halbwertszeit = 30 min

773 Ein exponentielles Modell ist für die Beschreibung des Wachstumsprozesses sinnvoll, wenn *die relative Änderung pro Stunde (annähernd) konstant* ist.

774 ☐ ☒ ☒ ☒ ☒

775 ☒ ☒ ☐ ☐ ☐

776 $a = 2{,}5$; $b = 1$

777 $f(x) = 3 \cdot \sin(2x)$

778 Amplitude = 2, Schwingungsdauer = 0,2 s

779 ☐ ☒ ☐ ☒ ☐

780

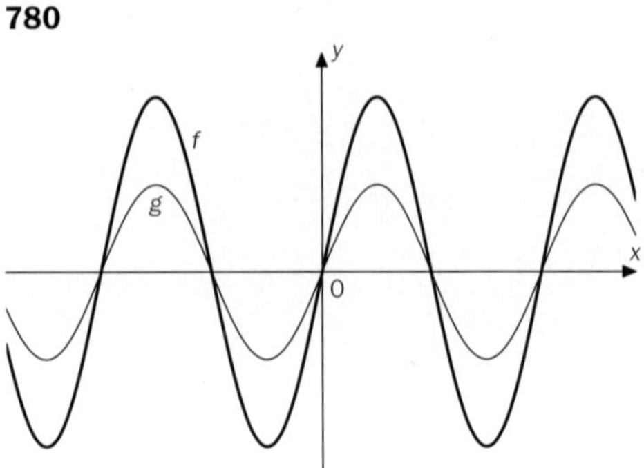

781 ☒ ☐ ☐ ☐ ☐

782 ☐ ☐ ☐ ☒ ☒

783 $f(x) = -2 \cdot \sin(x)$

784 ☐ ☒ ☐ ☒ ☐

785

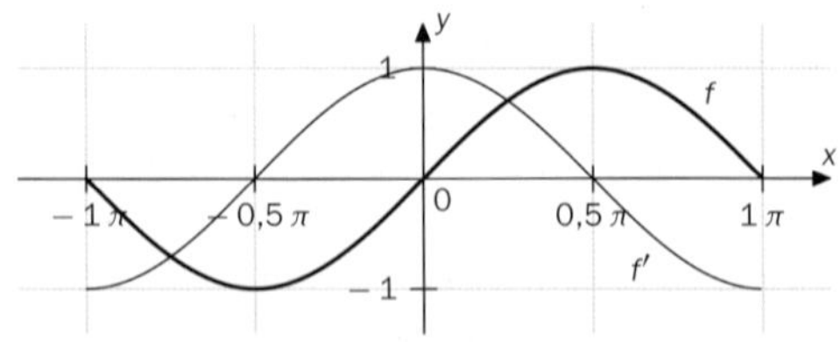

786 ☐ ☒ ☐ ☒ ☐

787 **(i)** 4 **(ii)** 1 **(iii)** −4

788 Die gegebenen Funktionen erfüllen folgende Eigenschaften:
(i) $f(x+1) = f(x) + 0{,}2$ **(ii)** $g(x+1) = g(x) + 0{,}2 \cdot g(x)$
D. h. die Funktion *f* nimmt immer gleich schnell zu während *g* immer schneller wächst.

789 A B
E D

790 **(i)** $-\frac{5}{6}$ **(ii)** $-\frac{4}{5}$

791

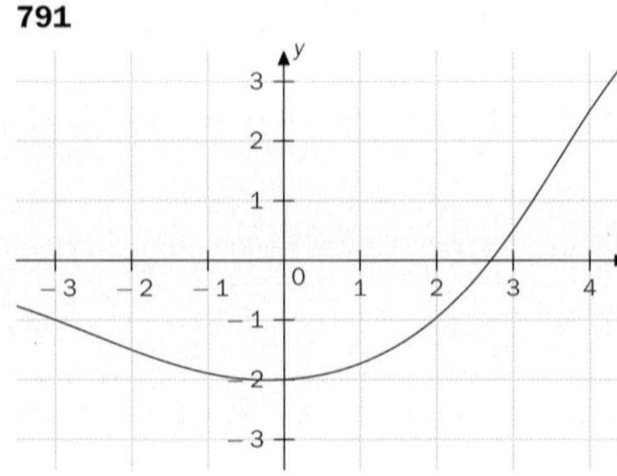

792 ☐ ☒ ☐ ☒ ☐

793 Der Differentialquotient *an der Stelle 3* ist ein Grenzwert von *Differenzenquotienten* der Funktion *f*.

794 ☒ ☐ ☒ ☐ ☐

795 $v(2) = \lim\limits_{h \to 0} \frac{s(2+h) - s(2)}{h}$

796 Der Differenzenquotient $\frac{f(12)-f(6)}{12-6}$ beschreibt die mittlere Temperaturänderung pro Stunde zwischen 6 und 12 Uhr.

797 Die durchschnittliche Preisänderung des Warenkorbs pro Jahr seit dem Jahr 2000.

798 ☐ ☐ ☒ ☐ ☒

799 ☐ ☒ ☐ ☐ ☐ ☐

800 $A_{n+1} = A_n + 0{,}001 \cdot A_n - 0{,}0009 \cdot A_n = 1{,}0001 \cdot A_n$

801 Der Faktor 1,04 entspricht einer Verzinsung von 4%, allerdings werden in jeder Berechnungsperiode 800€ abgeschöpft. Das Vermögen schrumpft oder wächst, je nachdem wie hoch der Anfangswert V_0 war (es wächst falls $V_0 > 20\,000$ €).

802 **(i)** $f_1'(x) = \frac{5}{2}$ **(ii)** $f_2'(x) = 160\,x^4$
(iii) $f_3'(x) = \frac{\sqrt{5}}{6\sqrt{x}}$

803 $f'(x) = 12\,x^2 - 4\,x + \frac{1}{4}$

804 $f'(x) = -3\,e^{-3x} + 4\cos x$

805 $g'(x) = k\,a^{k \cdot x} \cdot \ln(a)$

806 [F] [D] [C] [B]

807 ☐ ☐ ☒ ☒ ☐

808 ☐ ☒ ☒ ☐ ☐

809 ☐ ☒ ☒ ☐ ☒

810 Wo f ein lokales Maximum hat, besitzt f' eine Nullstelle. Den Wendepunkten von f entsprechen lokale Extremstellen von f'. Wo f monoton steigend ist, gilt $f' \geq 0$, wo f monoton fallend ist, gilt $f' \leq 0$.

811 Der Graph *der 1. Ableitung* von f ist gegeben durch *die Funktion* f_1.

812

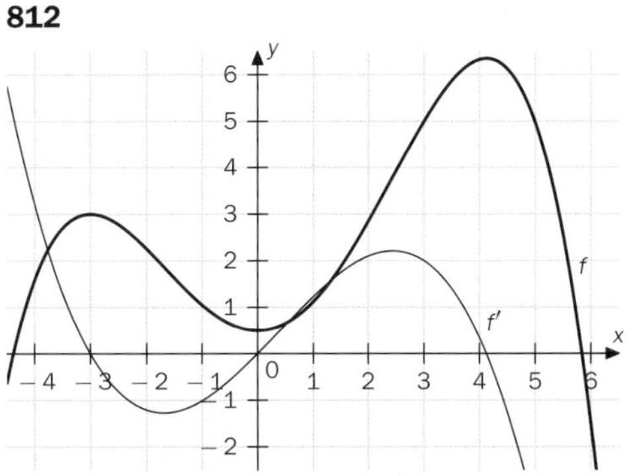

813 Wo f Nullstellen hat, besitzt F lokale Extremstellen. Dem lokalen Maximum von f entspricht der Wendepunkt von F bei $x = -2{,}5$. Wo $f \geq 0$ gilt, ist F monoton steigend; wo $f \leq 0$ gilt, ist F monoton fallend.

814 Der Graph *einer Stammfunktion* der Polynomfunktion f ist gegeben durch *die Funktion* f_2.

815 ☒ ☐ ☒ ☐ ☒

816 ☐ ☒ ☐ ☒ ☐

817 ☒ ☐ ☐ ☒ ☐

818

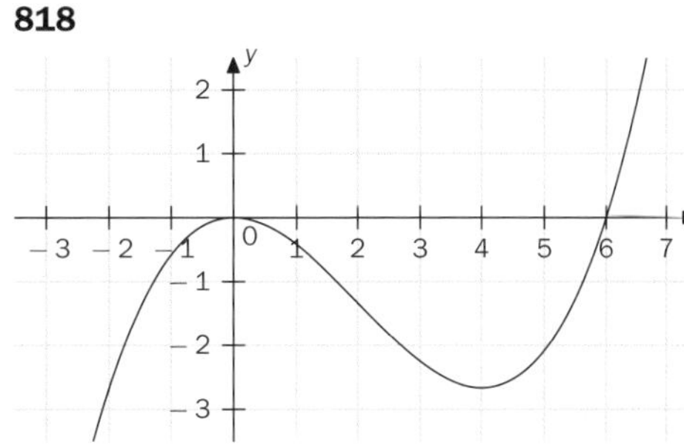

819 Das bestimmte Integral $\int_a^b f(x)\,dx$ der Funktion f ist *die Summe* sehr vieler *sehr kleiner Produkte*.

820 ☐ ☒ ☐ ☐ ☒

821

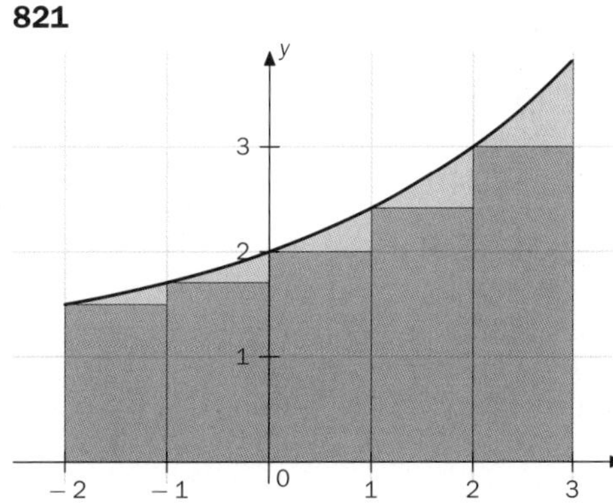

822 ca. 170 m (mit Mittelpunkts-/Trapezregel)

823 **(i)** $\int f_1(x)\,dx = \frac{x^3}{6} + C$
(ii) $\int f_2(x)\,dx = \frac{x^2}{5} + C$
(iii) $\int f_3(x)\,dx = \frac{2}{3}\sqrt{x^3} + C$

824 $\int f(x)\,dx = -\frac{1}{2}(x^4 - x^3 - x^2 + 12\,x) + C$

825 $\int f(x)\,dx = \frac{1}{3}\sin(3\,x) + \frac{3}{4}\,e^x + C$

826 $\int g(x)\,dx = x \cdot \ln(k \cdot x) - x + c$

827 [C] [B] [D] [E]

828 Die Menge an Flüssigkeit, die in der Zeit von $t = 0$ bis $t = 10$ durch das Rohr geflossen ist.

829 $w = \int_0^{60} v(t)\,dt$

830 ☐ ☐ ☒ ☒ ☐

831 $\frac{0{,}77 \cdot 2461 + 0{,}85 \cdot 2689}{(2461 + 2689)} \approx 81{,}2\,\%$

832 ☒ ☐ ☐ ☒ ☐

833

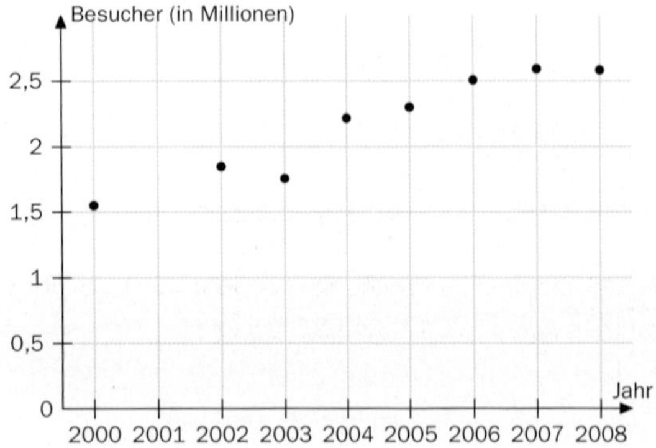

834

Jahr	Verkehrsunfälle	Verkehrstote
2001	43 073	958
2002	43 175	956
2003	43 426	931
2004	42 657	878
2005	40 896	768
2006	39 884	730
2007	41 096	691
2008	39 173	679
2009	37 925	633
2010	35 348	522

835 Jahresmittel-Temperatur ≈ 6,13 °C
Median-Temperatur = 6,05 °C

836

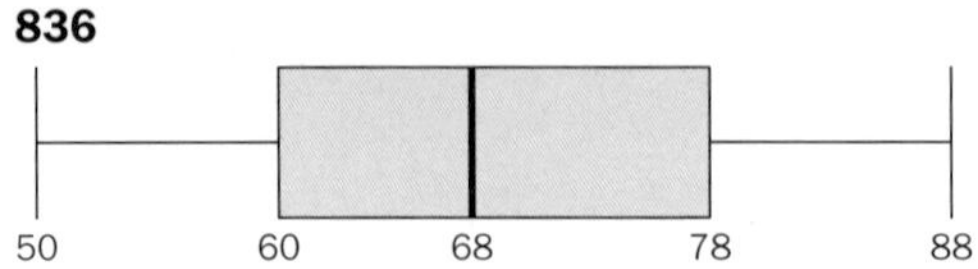

837 ☐ ☒ ☐ ☒ ☐

838 ☐ ☒ ☐ ☐ ☒

839 Das Medianeinkommen der Frauen (18 112 €) ist geringer als jenes aller Personen (24 449 €). Dieses wiederum ist kleiner als das Medianeinkommen der Männer (30 102 €). D. h. die Hälfte der Frauen verdient weniger als 18 112 € während die Hälfte der Männer sogar mehr als 30 102 € verdient. Anders ausgedrückt verdienen die meisten Frauen weniger als 60 % von dem, was die meisten Männer verdienen.

840 Da beim Median Spitzengehälter das Ergebnis nicht verfälschen. Der Mittelwert gibt das durchschnittliche Einkommen aller Personen an, während der Median einen Wert für das Einkommen einer Durchschnittsperson liefert.

841 ☐ ☒ ☐ ☐ ☒

842 Mit dem Quartilsabstand als Streuungsmaß kann man erkennen, dass die Einkommen der Männer stärker gestreut sind als die der Frauen, vermutlich da Männer häufiger Spitzenpositionen mit entsprechenden Gehältern innehaben.

	Frauen & Männer	Frauen	Männer
Quartilsabstand	26 364	21 596	26 706

843 ☐ ☒ ☒ ☐ ☐

844 $q_1 = 115{,}5$ bedeutet, dass bei 25 % der Patienten der systolische Blutdruck kleiner als 115,5 mm Hg ist.

845 ☒ ☐ ☒ ☐ ☐

846 $\Omega = \{(a_1, a_2, a_3, \ldots, a_{10}) \mid a_i \in \{0, 1\}\}$
$A = \{(0000000000)\}$, Gegenereignis A': mindestens eine Konserve ist verseucht

847 ☒ ☒ ☒ ☐ ☐

848 ☐ ☒ ☒ ☒ ☒

849 Die Wahrscheinlichkeit, dass ein 2011 zufällig ausgewähltes Auto von der Marke VW ist, beträgt 20,5 %. Die Wahrscheinlichkeit, beim Parken neben einem Opel zu stehen, war 2011 höher als neben einem Mercedes zu stehen.

850 Der relative Anteil einer Marke kann als Näherung für die Wahrscheinlichkeit interpretiert werden ein Auto dieser Marke anzutreffen (da genügend viele, nämlich alle Daten erhoben wurden).

851 ☐ ☐ ☒ ☒ ☐

852 Solche Wahrscheinlichkeitsaussagen können durch statistische Auswertung vieler Fälle belegt werden (die relativen Häufigkeiten nähern sich bei langen Versuchsreihen der tatsächlichen Wahrscheinlichkeit).

853 ☒ ☐ ☒ ☐ ☐

854 **(i)** $0{,}1 \cdot \frac{49}{499}$ ist die Wahrscheinlichkeit, dass beide Lose gewinnen.
(ii) $0{,}1 \cdot \frac{450}{499} + 0{,}9 \cdot \frac{50}{499}$ ist die Wahrscheinlichkeit, dass ein Los gewinnt und eins eine Niete ist.

855 29,75 %

856 Unter 35 725 zufälligen Tipps gibt es durchschnittlich einen Fünfer ohne Zusatzzahl.

857 $\binom{6}{4} = 15$ ist die Anzahl der Möglichkeiten 4 Objekte aus einer Menge von 6 Objekten zu ziehen, wobei die Reihenfolge nicht berücksichtigt wird.219.08623pt

858 Klasse 8A: $\binom{18}{2} = 153$ Möglichkeiten
Klasse 8B: $\binom{25}{2} = 300$ Möglichkeiten

859 Der Binomialkoeffizient $\binom{n}{k}$ gibt an, wie *viele Möglichkeiten es gibt, aus n Objekten k* Objekte auszuwählen, wobei es *nicht auf die Reihenfolge ankommt.*

860 Im Durchschnitt kann man eine Augenzahl von 3,5 erwarten, d. h. bei 900 Würfen kommt (da der Würfel fair ist) jede Augenzahl ca. 150-mal vor.

861 ☐ ☐ ☒ ☒ ☐

862 Die Wahrscheinlichkeit unter Dyslexie zu leiden beträgt ca. 5 % bis 17 %.

863 Zufallsvariable: Rendite des Wertpapiers in 15 Jahren
Erwartungswert: $\approx 8\,\%$
$\Rightarrow$ Innerhalb von 15 Jahren ist durchschnittlich mit einer Rendite von 8 % zu rechnen.

864 $E \approx 743\,200$ bedeutet, dass im Durchschnitt 743 200 Personenzüge pro Monat pünktlich sind.
$s \approx 230$ bedeutet, dass meistens 742 970 bis 743 430 Personenzüge pünktlich ankommen und selten weniger als 742 969.

865 $1 - \big(P(X=0) + P(X=1) + \ldots + P(X=10)\big) =$
$1 - \left(0{,}95^{100} + \binom{100}{1} 0{,}05 \cdot 0{,}95^{99} + \ldots\right.$
$\left.\ldots + \binom{100}{9} 0{,}05^{9} \cdot 0{,}95^{91} + \binom{100}{10} 0{,}05^{10} \cdot 0{,}95^{90}\right)$

866 $P(X \leq 750) \approx \Phi(12{,}5) \approx 1 - 4 \cdot 10^{-36} \approx 1$

867 ☒ ☒ ☐ ☒ ☐

868 Grundsätzlich ja, es müsste ein 100-stufiges Bernoulli-Experiment durchgeführt werden, wobei gezählt wird, wieviele Haushalte *genau ein* Auto haben. In diesem Beispiel fehlt dazu allerdings die Information mit welcher Wahrscheinlichkeit ein Haushalt gar kein Auto hat.

869 ☐ ☒ ☐ ☐ ☒

870 $\mu = n \cdot p, \quad \sigma = \sqrt{n \cdot p \cdot (1-p)}$

871 ☐ ☒ ☐ ☒ ☐

872 $P(X \geq 50) \approx 1 - \Phi(5{,}77) \approx 4 \cdot 10^{-9} \approx 0$

873 95 von 100 Stichproben ergeben, dass der Raucheranteil zwischen 24 % und 28 % liegt.

874 [57,3 %; 61,1 %]

875 **(i)** die Intervallbreite wird kleiner
(ii) die Intervallbreite wird größer

876 ☐ ☒ ☐ ☒ ☐

877 **a)** 3, 10, 5, 16, 8, 4, 2, 1, 4, 2

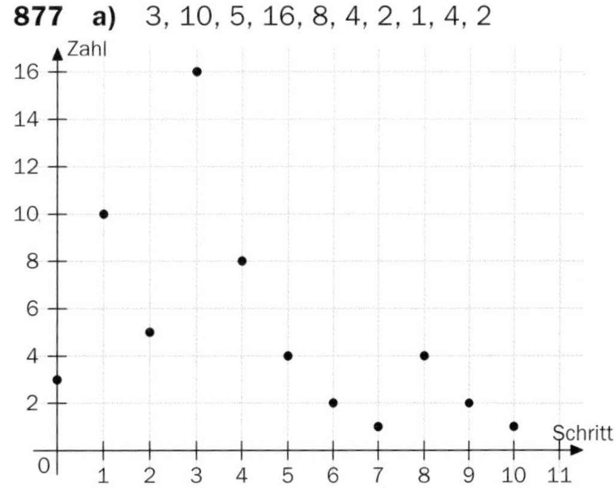

b) falls $2 \mid a_n$: $a_{n+1} = \frac{a_n}{2}$
falls $2 \nmid a_n$: $a_{n+1} = 3 \cdot a_n + 1$
c) $f(d) = d$

d	2	3	4	5	6	7	8	9
$f(d)$	2	3	4	5	6	7	8	9

d) *ausschließlich natürliche Zahlen:* Weil die Multiplikation, die Addition und das Halbieren von geraden Zahlen in der Menge der natürlichen Zahlen abgeschlossen ist.

neue Rechenanweisung: Jede natürliche Zahl lässt sich in der Form $2^n\,(2\,m+1)$ schreiben, wobei $n, m \in \mathbb{N}$. Nach endlich vielen Schritten (der Rechenanweisung „gerade") steht in der Zahlenfolge die ungerade Zahl $2\,m+1$. Die Rechenanweisung „ungerade" macht daraus $2 \cdot (2\,m+1)+1 = 4\,m+3$, was wieder eine ungerade Zahl ist, usw.

878 a) $K_0 = 7200, \quad K_n = K_{n-1} \cdot 1{,}02 + 20,$
$K_6 = 7200 \cdot 1{,}02^6 + 20 \cdot \left(1{,}02^5 + 1{,}02^4 + \ldots + 1{,}02 + 1\right)$
Diese Sparform ist günstiger, da insgesamt mehr (Zinses)zinsen entstehen.

b) $K_6 \approx 7200 + (7200 \cdot 1{,}02 + 20 - 7200) \cdot 6 = 8184$ €
Die Ungenauigkeit entsteht dadurch, dass Zinseszinsen nicht berücksichtigt werden, trotzdem ist die Näherung angemessen, da die Zinsen nicht sehr hoch und die Dauer des Sparvertrags nicht sehr lange ist.

879 a) Einsetzen von $x = -1$ in die Kreisgleichung liefert: $y_1 = 4$ und $y_2 = -2$
$\Rightarrow$ 2 Punkte: $(-1|4), (-1|-2)$

b) Die Gleichung kann vereinfacht werden zu
$1{,}5625\,x^2 - 18{,}75\,x + 56{,}25 = 0.$
Für x gibt es dann nur die Doppellösung $x_{1,2} = 6$, d. h. die Gerade t ist tatsächlich eine Tangente.

c) $7^2 + 4^2 - 6 \cdot 7 - 2 \cdot 4 = 15,$
$(-1)^2 + (-2)^2 - 6 \cdot (-1) - 2 \cdot (-2) = 15,$
$M(3|1), \quad (x-3)^2 + (y-1)^2 = r^2 \quad \Rightarrow \quad r = 5$

d) $2 \int_{-1}^{1} \sqrt{1-x^2}\,\mathrm{d}x = \pi$

880 a) 29,85 m unter der Erde

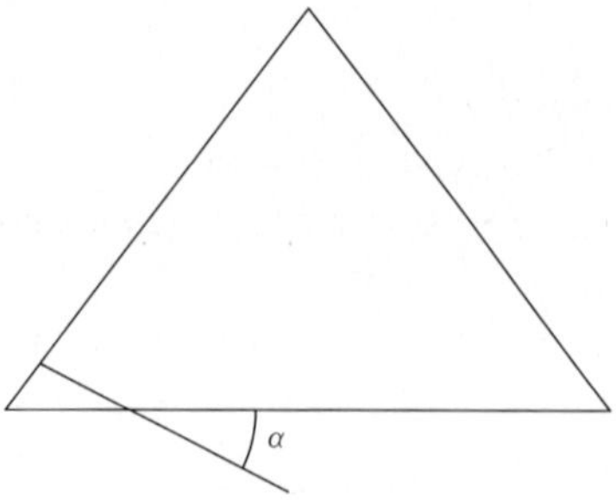

$\alpha = \arctan \frac{1}{2} \approx 26{,}565°$

b) Das Integral berechnet das Volumen der Pyramide.

h	0 m	100 m	147 m
$a(h)$	230 m	73,54 m	0 m

881 a) $0{,}823 \cdot (1 - 0{,}021) \cdot w$ gültige Stimmen wurden abgegeben, wobei w die Anzahl der Wahlberechtigten ist. 22,08 % der Wahlberechtigten haben P gewählt.

b) wenn jeder Wähler mit gleicher Wahrscheinlichkeit p die Partei P wählt
Parameter: $n = 12\,563, \quad p$ nicht näher bekannt

c) $P(150 < X \leq 500) \approx 8\,\%$
Die Approximation ist möglich, da die Stichprobe groß ist und die Wahrscheinlichkeit nahe 0,5 liegt.

d) [26,15 %; 34,16 %]
Damit das Konfidenzintervall nur halb so breit ist, müssten 2010 Personen befragt werden.

882 a)

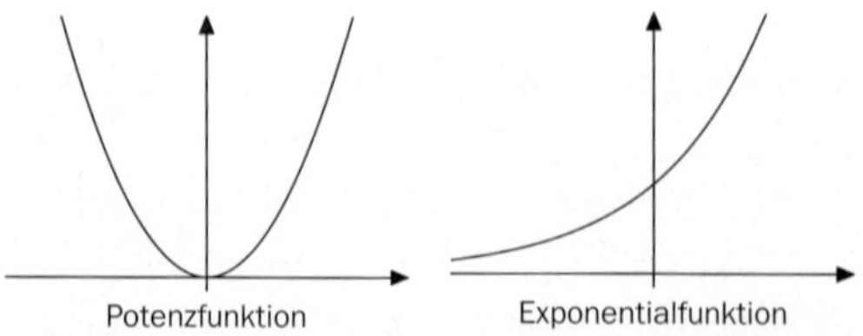

b) Für $a \neq 0$ hat eine Potenzfunktion höchstens eine Nullstelle, eine Exponentialfunktion hat keine. Für $z \neq 1$ verhält es sich analog mit den Extremstellen. Potenzfunktionen sind streng monoton steigend und/oder fallend, Exponentialfunktionen sind entweder streng monoton steigend oder fallend.

c) $a = 0$ oder $z = 0$ oder $z = 1$,
bzw. $a = 0$ oder $\lambda = 0$

d) *Potenzfunktion:* zurückgelegter Weg bei konstanter Beschleunigung
Exponentialfunktion: Zerfallsrate von Cäsium-Atomen

883 a) $s_1(t) = 15\,t, \quad s_2(t) = 5\,t$
Nach 4 h bzw. 12 h sind die beiden Schiffe jeweils 60 km gefahren.

b) streng monoton fallend bis $t = 3$, dann streng monoton steigend
Die Schiffe nähern sich, nach 3 h ist ihr Abstand minimal, danach entfernen sie sich wieder voneinander.

c) $d(1) = 35{,}36$ km ist die Entfernung der Schiffe nach 1 h.
$d(t)$ berechnet die Länge der strichlierten Hypotenuse in der Skizze mithilfe des Satzes von Pythagoras.

d) $d'(t) = 0 \quad \Rightarrow \quad t = 3 \quad \Rightarrow \quad d(3) = 15{,}81$ km

884

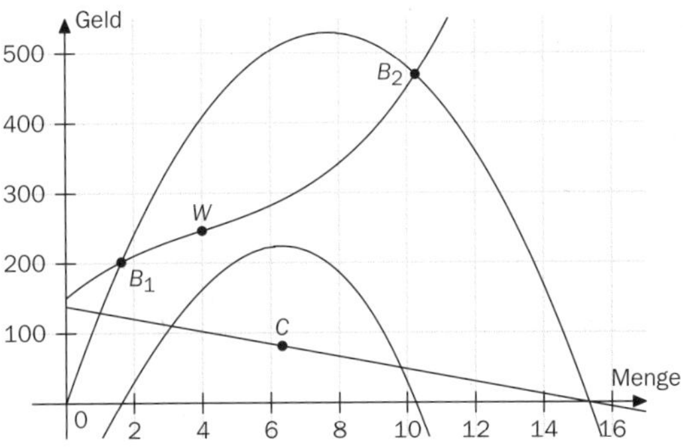

a) Zwischen diesen Punkten, B_1 und B_2, ist der Erlös größer als die Kosten, d. h. das Unternehmen macht Gewinn.

b) $K(x) = E(x)$; $p(x) = \frac{E(X)}{x} \Rightarrow K_{fix} + k_{var}(x) \cdot x = p(x) \cdot x$

$\Rightarrow x = \frac{K_{fix}}{p(x) - k_{var}(x)}$

c) Das Gewinnmaximum des Unternehmens liegt bei etwas mehr als 6 Mengeneinheiten.

d) Im Cournot'schen Punkt C gilt $0 = G'(x) = \big(E(x) - K(x)\big)' = E'(x) - K'(x)$, also $E'(x) = K'(x)$. Die Tangenten an die Funktionen E und K haben an diesem Punkt die gleiche Steigung.

e) Die Kosten nehmen ab diesem Punkt (W in der Grafik) wieder schneller zu.

f) Beim Betriebsoptimum (bei einer Menge von $x = 6$) fallen die geringsten Stückkosten an (hier 22 €).

885 **a)** $T_{\frac{1}{2}} \approx 6\,\text{h}$

Nach 72 h sind nur noch 0,02 % vom Ausgangsmaterial vorhanden – ein gesundheitlich unbedenklicher Wert.

b)

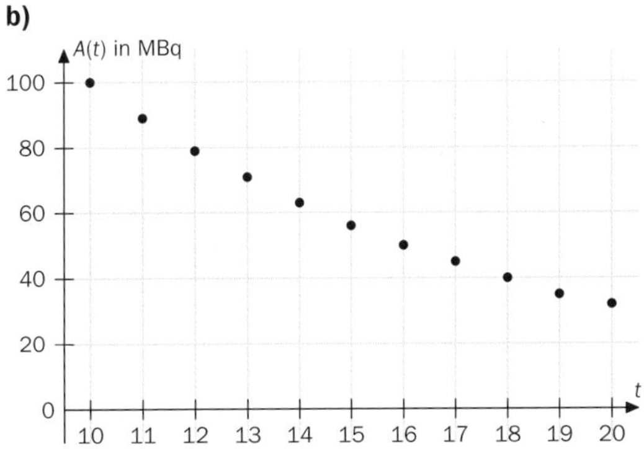

t	10	11	12	13	14	15	16	17	18	19	20
$A(t)$	100	89	79	71	63	56	50	45	40	35	32

c) $A\left(\frac{1}{2}\right) = 71$ MBq, $A'\left(\frac{1}{2}\right) = -8$ MBq/h

Bei $t = 0{,}5$ h verringert sich die Aktivität von 71 MBq um 8 MBq pro Stunde.

d)

Körpergewicht in kg	Anteil der zu verabreichenden Erwachsenen-Dosis	Aktivität in MBq (mindestens – höchstens)
8	11,4 %	2,9 – 11,4
12	17,1 %	4,3 – 17,1
20	28,6 %	7,1 – 28,6

886 **a)** Fehlerdreieck: $A(1|2)$, $B(2|2)$, $C(1|3)$,
Mittelwert: $M\left(\frac{4}{3}\middle|\frac{7}{3}\right)$

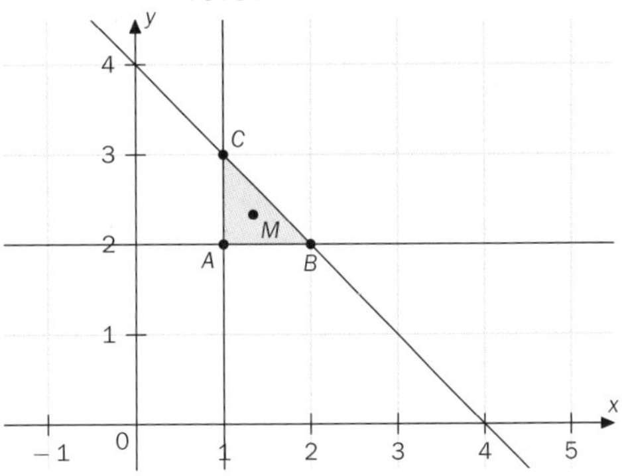

b) $m = 18$

Der Term ist als Maß nicht geeignet, weil sich die Fehler gegenseitig wegkürzen können (außerdem kann der Term beliebig klein werden, sogar negativ).

c) Mittelwert $\bar{x} = 19{,}2$, $x_{max} = 31$, $x_{min} = 15$,
Median $\tilde{x} = 17{,}5$

Der Mittelwert alleine ist nicht aussagekräftig, da es Ausreißer nach oben gibt (80 % der Messungen sind kleiner als der Mittelwert).

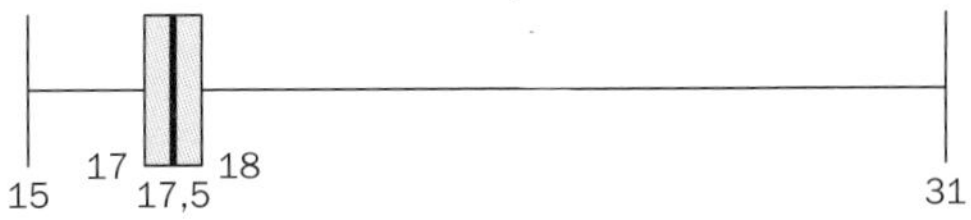

d) A nimmt um 210 mm^2 zu

absolute Änderung: der Flächenunterschied

mittlere Änderungsrate = momentane Änderungsrate: die mittlere Flächenänderung

Bemerkung: Bei linearen Funktionen ist die momentane Änderungsrate immer gleich der mittleren Änderungsrate

887 **a)** $r(x) = \sqrt{6x}$, $h(x) = 2 - x$

$\Rightarrow \quad V(x) = r^2\,\pi\,h = 6x \cdot (2 - x) \cdot \pi$

b) 37,5 % werden ausgefüllt;

Das Volumen ändert sich um $\approx 19\,\%$.

c) $V_{max} = 6\,\pi$, $r = \sqrt{6}$, $h = 1$

d) lokales Minimum bei $x = 2$,
globales (und lokales) Maximum bei $x \approx 0{,}7$
Randextrema bei $x \approx -0{,}1$ und $x \approx 2{,}4$
Bei einem lokalen Maximum sind die Funktionswerte in der Umgebung kleiner als beim Maximum, beim globalen Maximum sind alle Funktionswerte im Definitionsbereich kleiner.

e) $p(x) = 5x^3 - 20x^2 + 20x$, man benötigt vier Informationen, weil man bei einem Polynom dritten Grades vier Koeffizienten hat.

f) Binomialverteilung, $P(X \geq 6) = 3{,}78\,\%$

888 a) $c = 0{,}5$ ist der Anfangswert,
0,15 die Menge die pro Stunde abgebaut wird

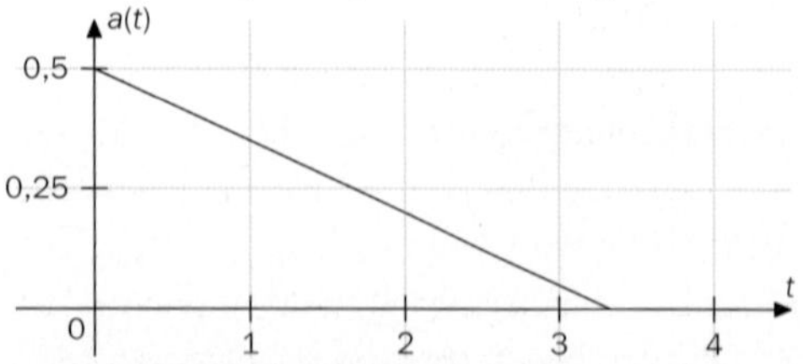

b) $t(c) = \frac{c - 0{,}5}{0{,}15} = \frac{20}{3}c - \frac{10}{3}$ ist eine lineare Funktion da von der Form $y = kx + d$.

c) 0,36 g/kg bzw. 0,42 g/kg

d) $a(t) = -0{,}15t + 0{,}7317$

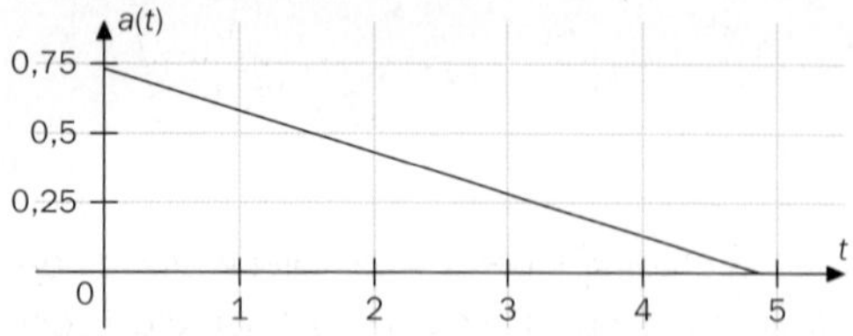

889 a) langfristig: $\lim_{t \to \infty} T(t) = 2{,}9\ °C$

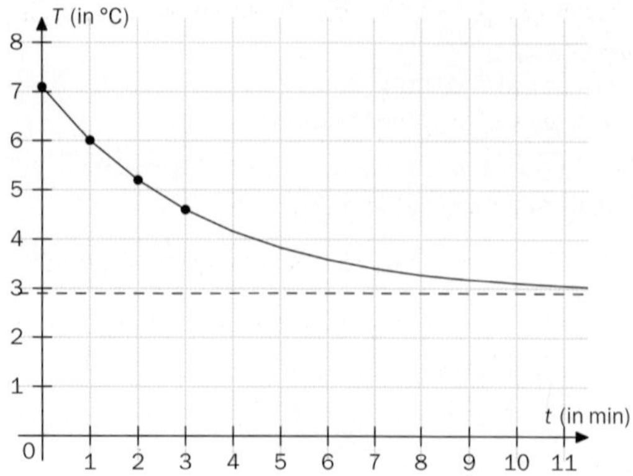

b) $k = 0{,}26 \Rightarrow$ nach 5 min

890 a)

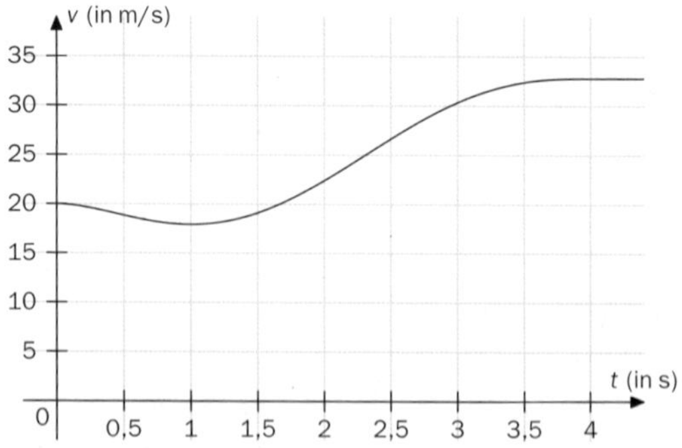

b) $8{,}64\ m/s^2$ bei $t \approx 2{,}32$ s

c) $v(t) = \frac{1}{5}t^5 - \frac{9}{4}t^4 + 8t^3 - 8t^2 + 20$,
$v(4) = 32{,}8\ m/s = 118{,}08\ km/h > 100\ km/h$

d) $s = \int_0^4 v(t)\,dt = 97{,}07$ m,
Sichtstrecke: mindestens 217,07 m

891 a) Die Satzlängen werden anfangs nur langsam länger, dann schneller und schließlich wieder langsamer, aber immer streng monoton steigend. Daher liegt das globale Maximum bei $x = 7$ und das globale Minimum bei $x = 0$.

b) Erst ab $t = 1{,}5$ macht es Sinn, die Daten zu vergleichen, weil erst dann das Modell eine mittlere Satzlänge von einem Wort voraussagt.

Alter	1,5	3	4,5	6
Satzlänge	1,0996	3,4926	4,8869	5,1568

c) Das Wachstum der Satzlänge ist am größten im Alter von 2 bis 3 Jahren.

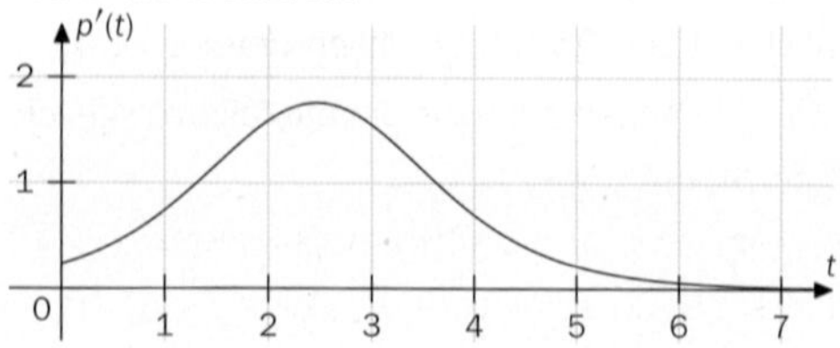

d) $t = 2$: $\frac{p(3) - p(2)}{1} \approx 1{,}70$
$t = 5$: $\frac{p(6) - p(5)}{1} \approx 0{,}12$
Im zweiten Lebensjahr verlängern sich die Sätze im Mittel um 1,7 Wörter, im fünften Jahr nur mehr um 0,1 Wörter.

e) Der Punkt wird nach $t \approx 2{,}5$ Jahren (bei einer Satzlänge von $\approx 2{,}5$ Wörtern) erreicht, es handelt sich tatsächlich um einen Wendepunkt, da sich das Vorzeichen der Krümmung ändert.

f) Einerseits würde die Satzlänge beliebig wachsen können, andererseits geht der charakteristische Wendepunkt des Spracherwerbsgesetzes verloren.

892 a) $P\left(\frac{l}{2}\middle|\frac{b_v}{2}\right) = (75|5)$, $Q\left(0\middle|\frac{d}{2}\right) = (0|3,5)$

$f(x) = \frac{x^2}{3750} + 3,5$; $\mathbb{D} = [-75, 75]$

b) $b_v = 100,8$ mm, $b_h = 110,4$ mm,

$p_1'(x) = 0 \Rightarrow$ schmälste Stelle bei $x = -7,5$ cm

c) $R = 25$ m

Die Näherung ist gerechtfertigt, da die Ableitung der Konturlinie nahe null bleibt, weil die Konturlinie nahezu eine horizontale Gerade ist.

d) $f(x) = 5001 - \sqrt{5000^2 - x^2} - \frac{x^2}{5000} - \frac{3x}{1000}$

Das globale Maximum bei $x = -15$ und das globale Minimum bei $x = 80$ kann man durch Ausprobieren an den Randwerten $x = \pm 80$ und an den Stellen, wo $f'(x) = 0$ ist, finden.

e) Mit einer Wahrscheinlichkeit von $0,95^{20} \approx 35,8\,\%$ hält ein Paar Ski mindestens 20 Wochen lang.

Defekte Paar Ski von 40 verl. Paaren nach 1 Woche:

k	0	1	2	3	4
$P(X = k)$	12,85 %	27,06 %	27,77 %	18,51 %	9,01 %

Am wahrscheinlichsten ist, dass 2 ± 1 Paar Ski nach einer Woche defekt sind.

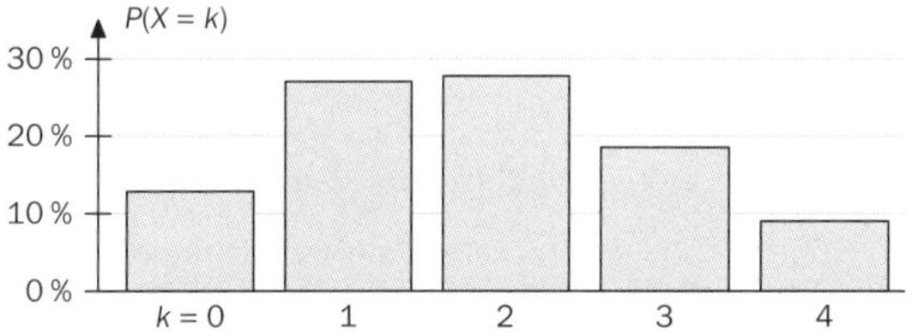

f) *Test:* Falls von 200 für eine Woche ausgeborgten Paar Ski der höheren Preisklasse nach einer Woche nur 4 oder weniger ausfallen, liegt die Ausfallsrate mit einer Wahrscheinlichkeit von 95 % tatsächlich unter 5 %.

Nullhypothese: Die Annahme, dass die Ausfallsrate gleich hoch ($p = 5\,\%$) ausfällt.

Irrtumswahrscheinlichkeit 1. Art: Die Wahrscheinlichkeit, dass beim Test herauskommt, dass die bessere Preisklasse eine geringere Ausfallsrate hat, obwohl sie in Wahrheit gleich hoch oder höher ist.

893 a) $f(t) = \frac{49}{900}t + \frac{343}{45}$

nicht für das ganze Jahr sinnvoll, da es keine Tage gibt, die länger als 24 h dauern

b)

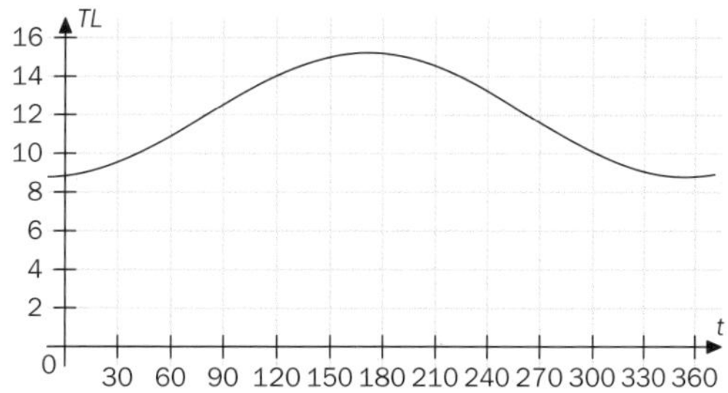

t	40	70	100	130	160	190	220	250	280	310	340
TL	9,9	11,4	13,1	14,5	15,3	15,2	14,2	12,7	11,0	9,6	8,8

c) Sommersonnenwende: $t = 171,5$

Frühlingsbeginn: $t = 80,25$

Herbstbeginn: $t = 262,75$

d) $TL'(6) \approx 1$ min/d, $TL'(51) \approx 3$ min/d

Der Differenzenquotient von $t = 60$ bis $t = 90$ entspricht der mittleren Änderung der Tageslänge im März ($\approx 3,38$ min/d).

Da die Änderung der Tageslänge Mitte März nahezu konstant bleibt, ist eine lineare Approximation geeignet.

894 a) $s''(t) = -r \cdot \omega^2 \cdot \sin(\omega t) = -\omega^2 \cdot s(t) \Rightarrow \checkmark$

b)

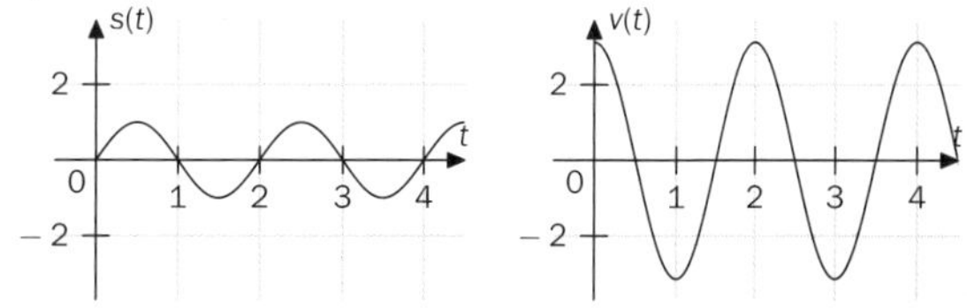

c) Maximal- und Minimalwerte: $\pm r$, diese sind unabhängig von ω, da ω nur angibt, wie schnell die Feder schwingt.

d) Periode $= \frac{2\pi}{\omega}$

jeweils unabhängig von r und (indirekt proportional) abhängig von ω

895 a) Nullstellen bei $x = 0$, $x = 4$

Maximum bei $H(2|1)$,

keine Wendepunkte da $f''(x) = -\frac{1}{2} \neq 0$

b) $\int_0^6 \frac{x(4-x)}{4}\,dx = 0$, da sich der (positiv gezählte) Flächeninhalt von $x = 0$ bis $x = 4$ mit dem restlichen (negativ gezählten) aufhebt.

896

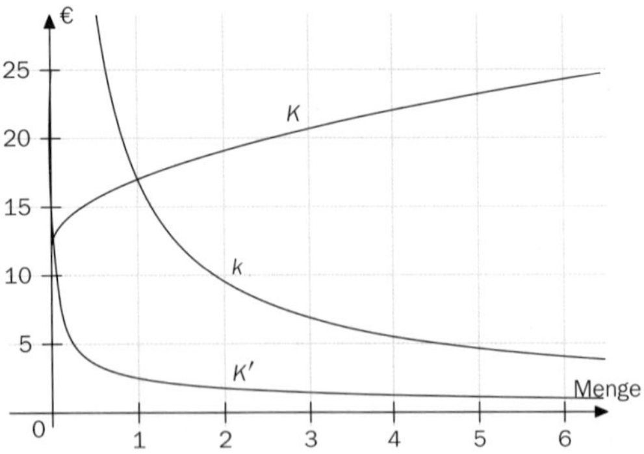

a) degressiv, da die Kurve flacher wird

b) $K'(x) = \frac{5}{2\sqrt{x}} \quad \Rightarrow \quad K'(25) = \frac{1}{2}$

Bei der Produktion von $x = 25$ Mengeneinheiten wachsen die Kosten um 0,5 GE pro Mengeneinheit.

c) Fixkosten: 12 GE

Die Stückkosten $k(x) = \frac{5\sqrt{x}+12}{x}$ sind umso geringer, je mehr produziert wird (also degressiv).

d) Bei degressiven Kosten ist die Grenzkostenfunktion streng monoton fallend, d. h. die Kosten nehmen bei steigender Produktionsmenge immer langsamer zu (wie bei K in der obigen Grafik).

e)

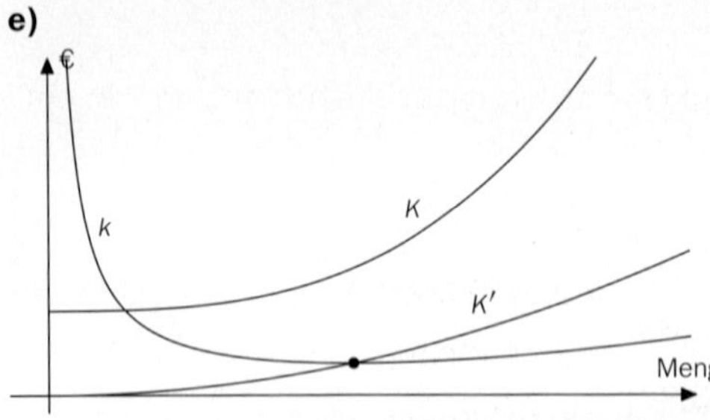

f) Im Betriebsoptimum gilt $k'(x) = 0$, also wegen $k(x) = \frac{K(x)}{x}$ auch $\left(\frac{K(x)}{x}\right)' = 0$. Daraus folgt $\frac{K'(x)}{x} = \frac{K(x)}{x^2}$, also $K'(x) = k(x)$, d. h. die (minimalen) Stückkosten sind gleich den Grenzkosten.

897 a) $p(x) = 0 \quad \Rightarrow \quad x = 100$

Mehr als 100 Stück könnten nicht einmal verschenkt werden.

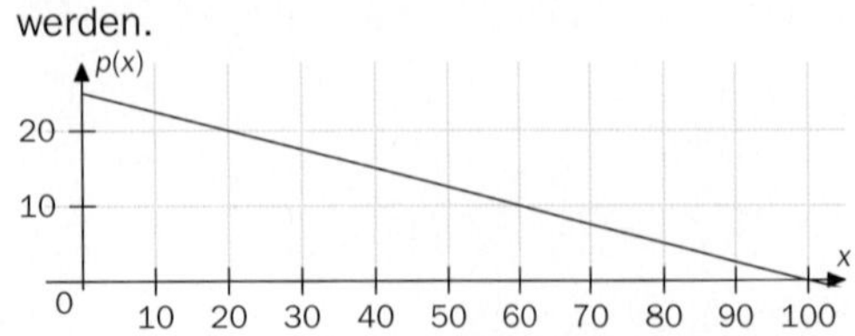

b) Der Stückpreis für 20 Stück ist kleiner als der Stückpreis für 10 Stück. Trotzdem kann es für das Unternehmen besser sein, 20 Stück zu verkaufen – falls nämlich $20\,p(20) > 10\,p(10)$ gilt.

c) Der Erlös ändert sich um $\frac{E(x+5)-E(x)}{5} = 23{,}75 - 0{,}5\,x$ Euro pro Mengeneinheit.

Der Differenzenquotient ist positiv solange $x < 47{,}5$ gilt. Bis zu dieser Produktionsmenge ist es also günstiger für das Unternehmen mehr zu produzieren.

d) $\frac{E(24)-E(20)}{4} = 14$ € ist der zusätzliche Erlös pro Mengeneinheit, wenn 24 statt 20 Stück produziert werden

$E'(20) = 15$ € ist die momentane Änderung des Erlöses bei einer Produktionsmenge von 20 Stück.

e) Bei $x_0 = 50$ bleibt der Erlös konstant – es lohnt sich nicht, noch mehr zu produzieren.

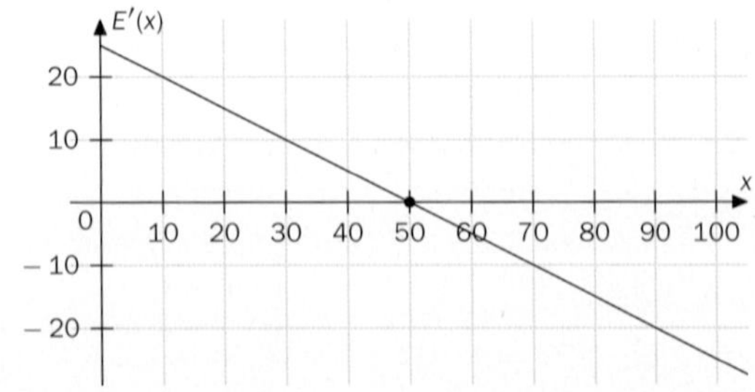

f) $12{,}5 < 15 < 17{,}5 < 20$,

da $E'(x)$ für $x \in [10, 40]$ streng monoton fallend ist und daher die Sekantensteigungen kleiner als die Tangentensteigung sind.

898 a) Bis $t \approx 0{,}9$ s gewinnt der Körper streng monoton an Höhe, anschließend fällt er wieder streng monoton hinunter.

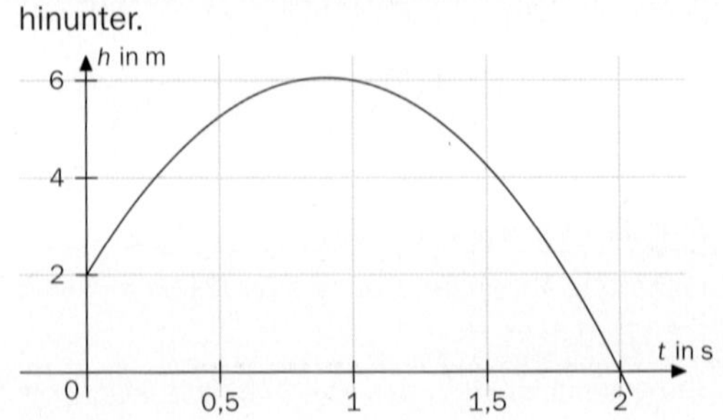

b) $h(t) = h_0 + v_0 \cdot t - \frac{g}{2} \cdot t^2$, denn:

$h'(0) = v_0 = 9$ m/s, $\qquad h(0) = h_0 = 2$ m,

$h''(t) = -g \approx -10$ m/s^2

c) $h(t) = 0 \quad \Rightarrow \quad t = 2$ s

d) $h'(t) = 0 \quad \Rightarrow \quad t = 0{,}9$ s $\quad \Rightarrow \quad h_{max} = 6{,}05$ m

899 a) Es gilt: $e^{-x} \to 0$ und $x^2 \to \infty$ für $x \to \infty$, also $e^{-x^2} \to 0$ bzw. $f(-x) = e^{-(-x)^2} = e^{-x^2} = f(x)$

b) $f''(x) = 0 \quad \Rightarrow \quad x_{1,2} = \pm\frac{1}{\sqrt{2}}, \quad W_{1,2}\left(\pm\frac{1}{\sqrt{2}} \middle| \frac{1}{\sqrt{e}}\right)$

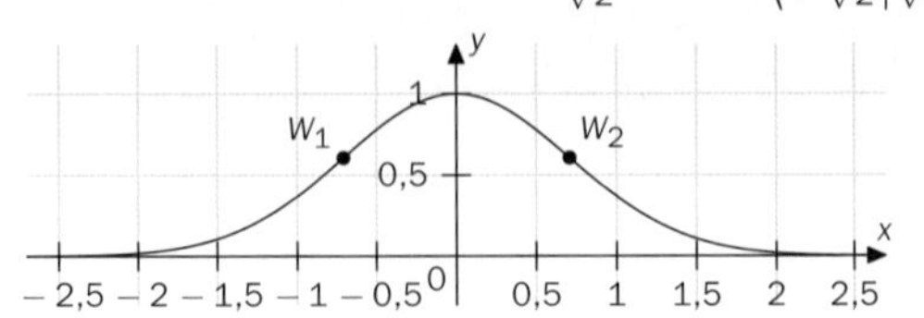

900 a) Symmetrie: $f(-x) = (-x)^2 = x^2 = f(x)$
zum Beispiel h: $y = -x + 2$

b) $C(-1|1)$, $D(2|4)$, $\int_{-1}^{2} \left(g(x) - f(x)\right) \mathrm{d}x = 4{,}5$

901 a) $v'(t) \approx 10 \text{ m/s}^2$ für $0 \leq t \leq 2$, d. h. in den ersten zwei Sekunden nach dem Absprung nimmt die Geschwindigkeit um 10 m/s pro Sekunde zu.

b) Von $t = 2$ s bis $t = 5$ s nimmt die Geschwindigkeit im Mittel um 6,67 m/s pro Sekunde zu
Von $t = 5$ bis $t = 9$ nimmt die Geschwindigkeit im Mittel um nur mehr 2,5 m/s pro Sekunde zu.

c) Das Integral steht für den in den ersten 10 s zurückgelegten Weg, das sind ca. 345 m.

d) streng monoton steigend bis $t = 3$ s, danach monoton fallend

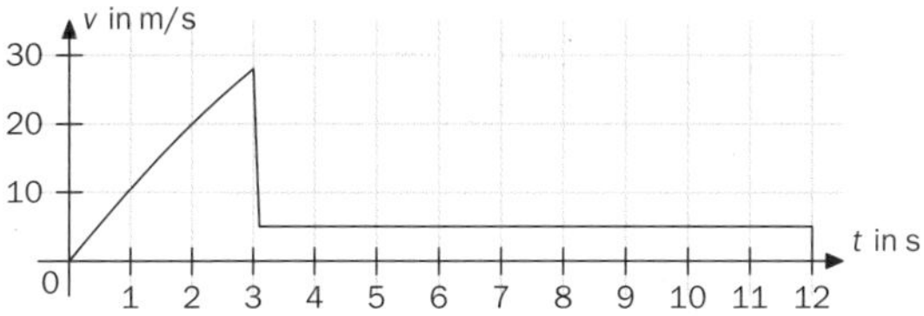

902 a) $v(t) = \begin{cases} 20 & 0 \leq t \leq 1 \\ 25 - 5t & 1 \leq t \leq 5 \end{cases}$ $\mathbb{D} = [0, 5]$,

Anfangsgeschwindigkeit: $v(0) = 20$ m/s = 72 km/h, nach 1 s wird das Fahrzeug abgebremst

b) Das Integral steht für den Anhalteweg. Er beträgt 60 m.

c) $v'(t) = \begin{cases} 0 & 0 \leq t < 1 \\ -5 & 1 < t \leq 5 \end{cases}$

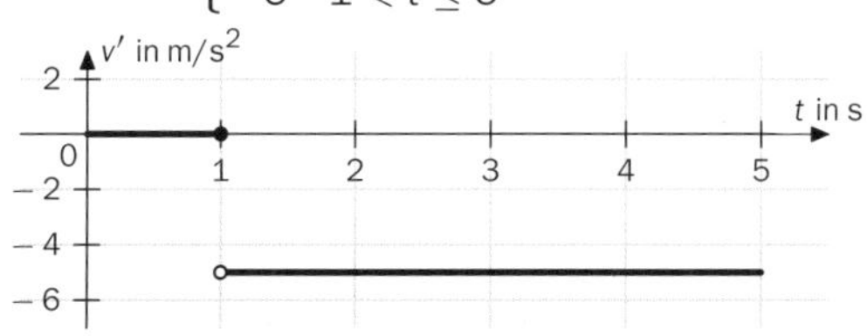

Bei $t = 1$ existiert die Ableitung nicht, da v' nicht stetig fortgesetzt werden kann.

d) Bei schlechten Fahrbahnverhältnissen wird der Funktionsgraph steiler ($s_B(v)$ wächst schneller, siehe strichlierter Graph).

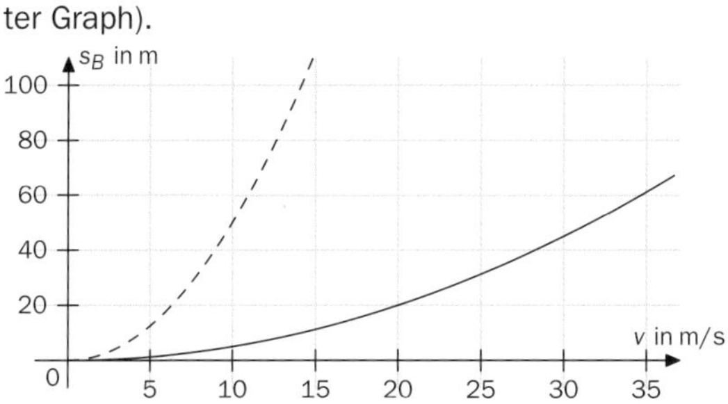

903 a) $N'(x) = -\mu \cdot N_0 \cdot e^{-\mu x} = -\mu \cdot N(x)$
N_0 ist die Anfangsintensität, μ der Absorptionsfaktor

b) N ist streng monoton fallend und hat keine Nullstellen da die Exponentialfunktion positiv ist und $N_0 > 0$.

c) ≈ 20 cm

d) Bei einer Schichtdicke von $\frac{1}{\mu}$ cm ist die Intensität auf $\frac{N_0}{e}$ gesunken, das sind 36,79 % der Anfangsintensität.

904 a) $p(350) = 969{,}64$ hPa

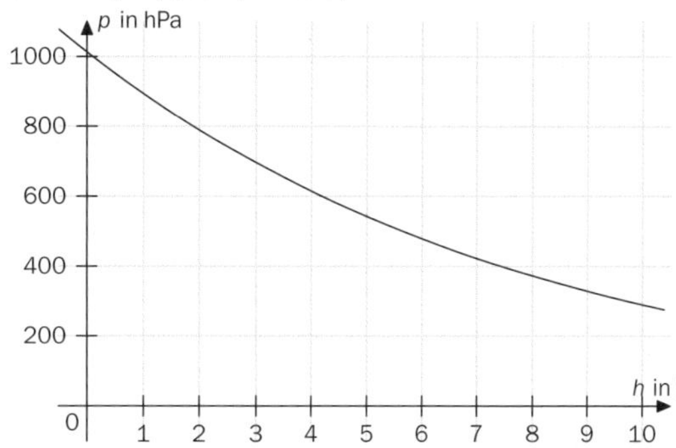

b) $p(h) = 900$ hPa $\Rightarrow$ $h = 946$ m
$p(h) = 506{,}5$ hPa $\Rightarrow$ $h = 5545$ m

c) $\frac{p_0}{2} = p(h_{0,5}) = p_0 \cdot e^{-0{,}000125 h_{0,5}}$ $\Rightarrow$
$\Rightarrow$ $h_{0,5} = \frac{\ln 0{,}5}{-0{,}000125} = 5545$ m
$\frac{p_0}{8} = p(h)$ $\Rightarrow$ $h = 16\,636$ m

d) Die relative Änderung bleibt konstant, da der Luftdruck exponentiell abnimmt.

h	$p(h)$	Δp	$\frac{\Delta p}{p}$
0	1013		
		−61,37	0,0606
500	951,63		
		−57,66	0,0606
1000	893,97		
		−54,16	0,0606
1500	839,81		
		−50,88	0,0606
2000	788,93		

905 a) $\mathbb{D} = [0; 3 \cdot 10^8]$, denn $v = c = 3 \cdot 10^8$ m/s ist die größtmögliche Geschwindigkeit

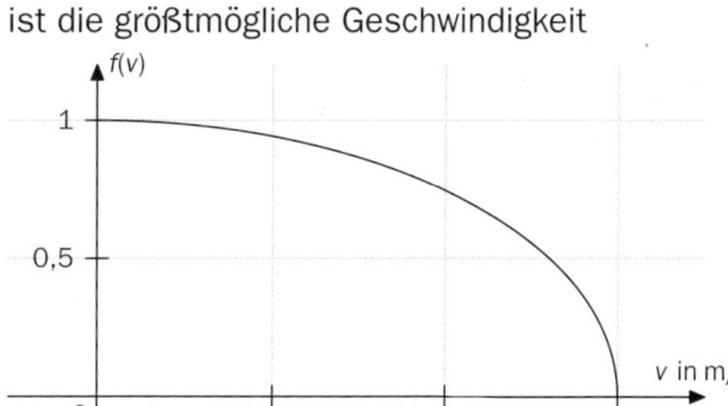

b) $v = \frac{\sqrt{3}}{2} c \approx 2{,}6 \cdot 10^5$ km/s

906 **a)**

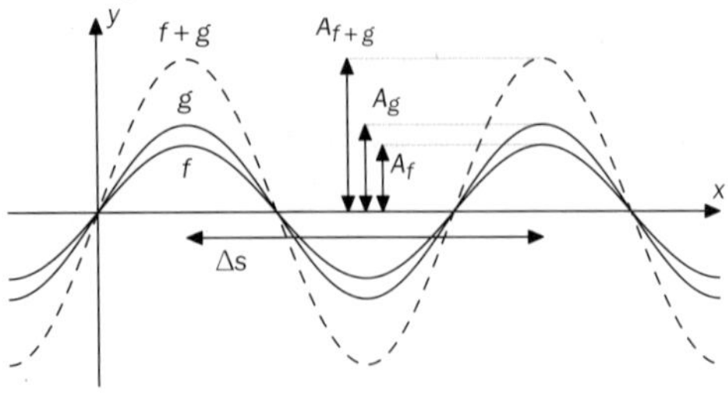

b) $\sin(\alpha') = \frac{\Delta s}{a} \quad \Rightarrow \quad \Delta s = a \cdot \sin(\alpha')$,
$d \gg x \quad \Rightarrow \quad \alpha \approx \alpha' \approx 0 \quad \Rightarrow \quad \sin\alpha' \approx \tan\alpha = \frac{x}{d}$
$\Rightarrow \quad \Delta s = \frac{a \cdot x}{d}$

907 **a)** $f(1) = 16{,}9$ mg/ml, $f(2) = 20{,}4$ mg/ml, das sind 20,5 % mehr

b) Die Konzentration steigt streng monoton bis ca. 2,1 h nach der Einnahme, dann nimmt sie wieder streng monoton ab.

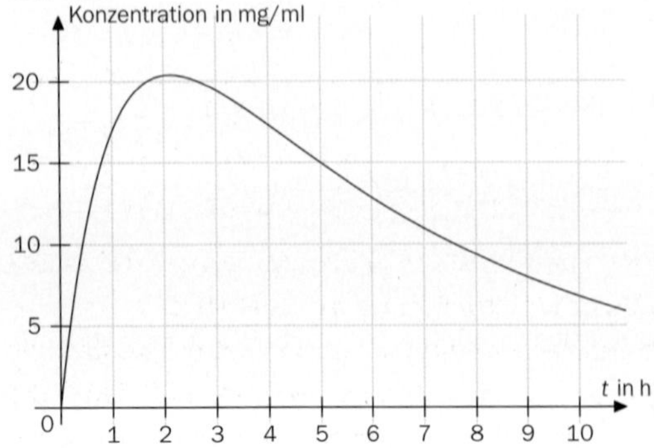

c) $\frac{f(2) - f(0)}{2} = 10{,}2$ mg/ml h ist die mittlere Konzentrationsänderung pro Stunde in den ersten zwei Stunden.
$f'(2) = 0{,}45$ mg/ml h ist die momentane Konzentrationsänderung pro Stunde nach zwei Stunden.

d) Bei $t \approx 2{,}122$ h wird die maximale Konzentration erreicht, langfristig geht sie wieder gegen null (da $\lim\limits_{x \to \infty} e^{-x} = 0$).

908 **a)** 65 % bzw. 30,92 %; etwa 11,6 Tage

b) $A'(t) = \frac{999\,000 \cdot e^{0{,}5t}}{\left(999 + e^{0{,}5t}\right)^2}$, $A''(t) = 0$ bei $t = 13{,}81$ d

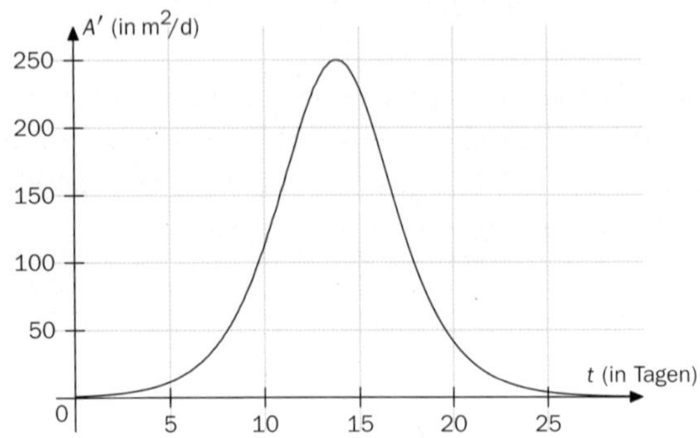

c) Bis $t \approx 14$ nimmt das Wachstum beschleunigt zu (positive Krümmung), danach bremst es sich wieder ein (negative Krümmung).

d) $A(t) = 2 \cdot e^{0{,}472t}$

Nicht sinnvoll für große Werte von t, da der noch vorhandene (beschränkte) Platz nicht berücksichtigt wird (nach 15 Tagen wären bereits mehr als 2000 m^2 bedeckt).

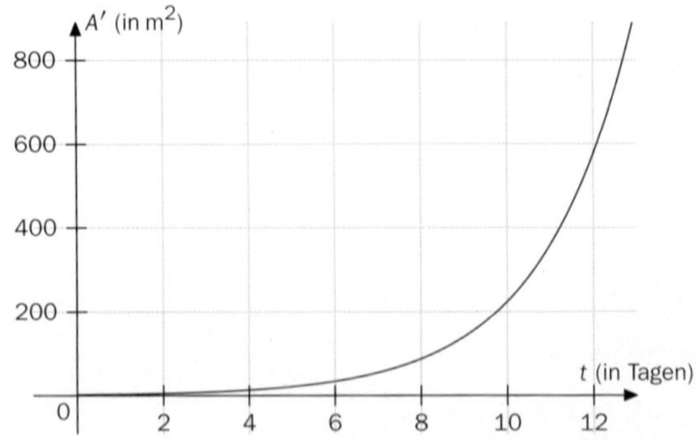

909 **a)** $\frac{dI}{dt} = k \cdot \left(G - I(t)\right)$, die gegebene Funktion $I(t) = G - G \cdot e^{-kt}$ erfüllt diese Differentialgleichung, da $I'(t) = G \cdot k \cdot e^{-kt} = k \cdot \left(G - (G - G \cdot e^{-kt})\right) = k \cdot \left(G - I(t)\right)$

b) $k = 0{,}1$

Es würde etwas mehr als 46 Wochen dauern, bis 99 % informiert sind. Nach zehn Wochen sind erst ≈ 63 % informiert – die Firma muss eine Werbekampagne starten.

c) Ein Kunde würde für das Produkt maximal 200 € bezahlen, für mehr als 100 000 Stück gäbe es nicht genug Interessenten, sogar wenn das Produkt verschenkt wird. Der Erlös ist maximal bei einer Produktionsmenge von 50 000 Stück.

d) $I'(t)$ ist die momentane Zahl der neu Informierten

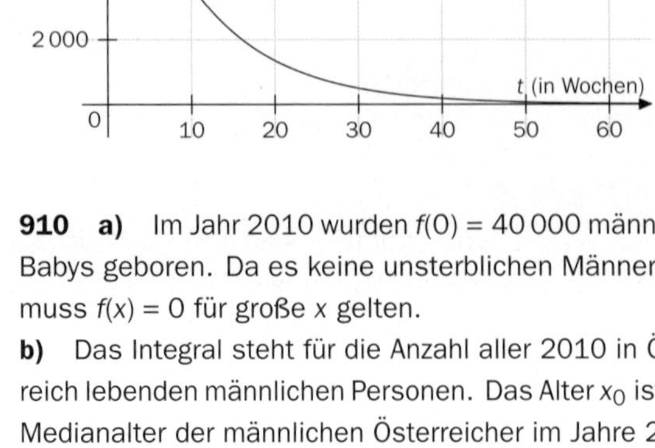

910 **a)** Im Jahr 2010 wurden $f(0) = 40\,000$ männliche Babys geboren. Da es keine unsterblichen Männer gibt, muss $f(x) = 0$ für große x gelten.

b) Das Integral steht für die Anzahl aller 2010 in Österreich lebenden männlichen Personen. Das Alter x_0 ist das Medianalter der männlichen Österreicher im Jahre 2010.

c) Unter der ersten Annahme kommen auf einen Pensionisten 3,2 Erwerbstätige, wird das Pensionsalter auf 70 Jahre erhöht, so sind dies 8,14 Erwerbstätige pro Pensionist.

d) $P = 25{,}3\,\%$

e) $F(20)$ ist die Anzahl der 2010 maximal 20-jährigen männlichen Österreicher. Das Medianalter der männlichen Bevölkerung ist $\approx$ 40 Jahre.

f) *nötige Informationen:* Anzahl der 25-Jährigen im Jahr 2010, Anzahl der Aus- und Einwanderer und Sterberate pro Jahr für die entsprechende Altersklasse zwischen 25 und 30 Jahren

Angenommen die Zahl der Aus- und Einwanderer gleicht die Todesfälle aus, dann sind 2015 etwa 55 000 Österreicher im Alter von 30 Jahren zu erwarten.

911 a) 4., 5., 6., 9., 10., 11. Tag,
an diesen Tagen kommt kein Regen dazu

b) Die kumulierte Niederschlagsmenge entspricht dem bestimmten Integral der täglichen N., umgekehrt ist die tägliche N. die Ableitung der kumulierten N. Die tägliche N. gibt die Änderungsraten der kumulierten N. an.

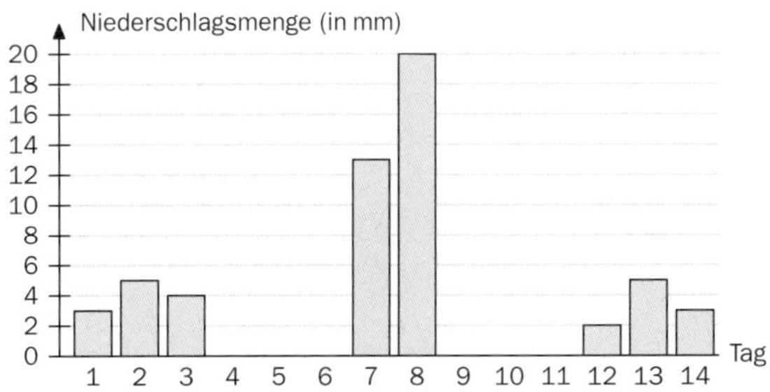

912 a) Die Magmakammer liegt $z \approx 4$ km tief, aus der Aufwölbung von $h(0) = 160$ mm kann man auf ein Volumen von $V \approx 11 \cdot 10^6\ \text{m}^3 = 0{,}011\ \text{km}^3$ schließen.

b) $h'(x) = 0 \quad \Rightarrow \quad x = 0,$
$h''(0) < 0 \quad \Rightarrow$ ein Maximum bei $x = 0$
$h''(x) = 0 \quad \Rightarrow$ zwei Wendepunkte bei $x = \pm\frac{z}{2}$

c) $\int_0^R \frac{3V}{2} \cdot \frac{xz}{(z^2+x^2)^{3/2}}\,dx = \frac{3V}{2}\left(1 - \frac{z}{\sqrt{z^2+R^2}}\right)$
$\to \frac{3V}{2}$ für $R \to \infty$

d) $\mu = 1{,}5$; $\sigma = 1{,}1937$

k	0	1	2	3
$P(X = k)$	0,2146	0,3389	0,2586	0,1270

D. h. die Wahrscheinlichkeit für 2 Ausbrüche in 30 Jahren beträgt z. B. 25,86 %, mit 93,9 %-iger Wahrscheinlichkeit kommt es zu maximal 3 Ausbrüchen. Im Mittel kommt es in einem 30-Jahre-Intervall zu 1,5 Ausbrüchen, meistens sind es $\mu \pm \sigma \approx 0$ bis 3, sehr selten mehr als $\mu + 2\sigma \approx 4$.

913 a) Es dauert 10 s bis die Soll-Geschwindigkeit erreicht ist, in dieser Zeit wird eine Strecke von 250 m zurückgelegt.

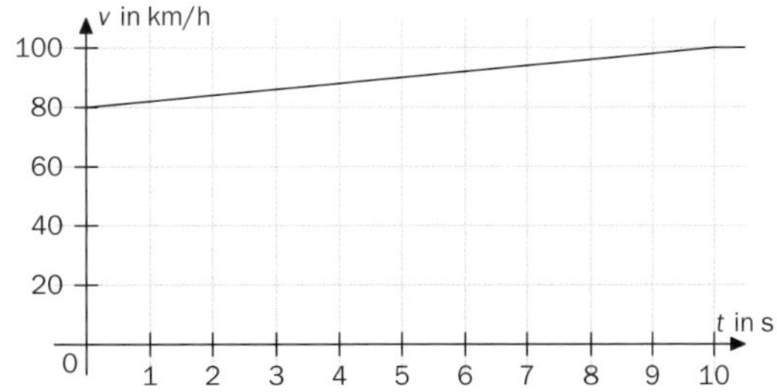

b) Es dauert etwa 6,2 s bis 95 km/h erreicht sind.

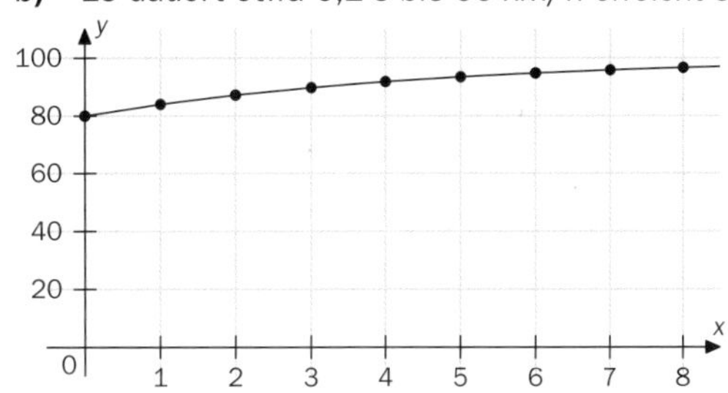

t (in s)	0	1	2	3	4	5	6	7	8
v (in km/h)	80	84	87,2	89,8	91,8	93,4	94,8	95,8	96,6

c) Die Halbwertszeit beträgt 3,11 s, d. h. in dieser Zeit halbiert sich die Abweichung vom Soll-Wert.

d) Die Hälfte der Autos mit Tempomat hat weniger als 93 kW Leistung, ein Viertel hat mehr als 127,5 kW. Die Hälfte der Autos ohne Tempomat hat weniger als 68 kW Leistung, nur ein Viertel hat mehr als 85 kW.

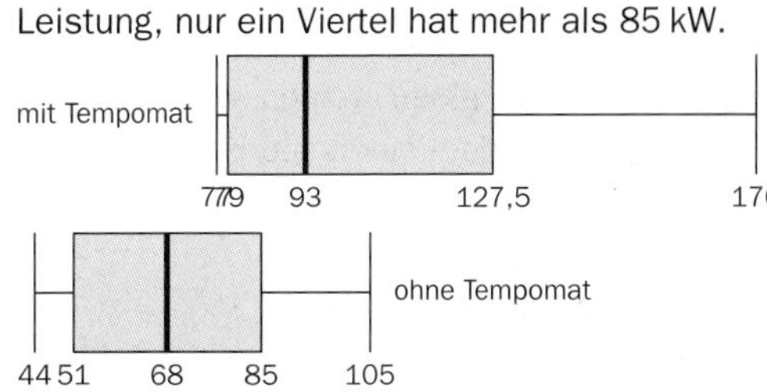

914 a) Unter der Annahme, dass jede Kugel mit der gleichen Wahrscheinlichkeit gezogen wird, gilt
$P = \frac{1}{8\,145\,060} = 0{,}0000123\,\%$.

b) 15,6-mal

Da die Ziehungen unabhängig voneinander sind, ist es egal, auf welche Zahl er eher setzt (außer die Kugeln sind gezinkt – dann wären offenbar 2 oder 24 eine gute Wahl und 30 zu meiden).

c) Verwendet man, dass $2\varepsilon \leq \frac{z}{\sqrt{n}}$, so erhält man, dass mindestens 16 435 Personen befragt werden müssen. Wenn man weiß, dass etwa 12 % der Personen einen Tipp abgeben, dann genügt eine Befragung von ca. 7000 Personen (da man jetzt die bessere Schätzung $\varepsilon \approx z\sqrt{\frac{p_0(1-p_0)}{n}}$ verwenden kann).

d) [12,30 %; 19,65 %]

Bei 80 % aller Befragungen von 160 Personen erhält man ein Intervall in dem der wahre Anteil jener über 18-Jährigen, die einen Tipp abgeben, liegt.

915 a) Die vertikale Achse beginnt nicht bei null, um die Änderung der Daten zu übertreiben; dies wurde möglicherweise getan, um die Investition in Radfahrwege zu rechtfertigen.

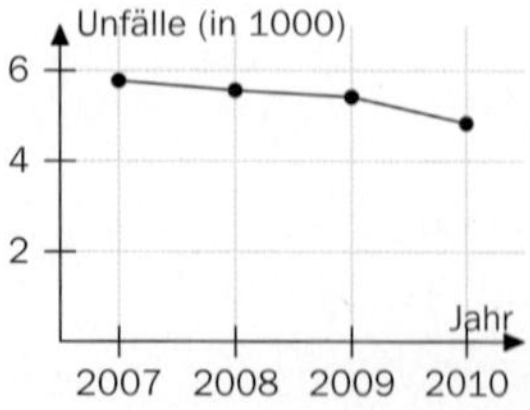

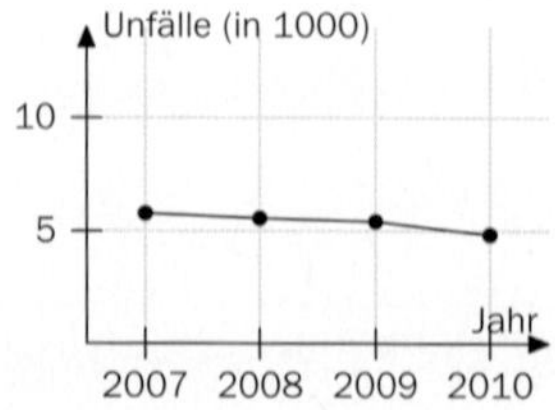

b) $f(x) = 5775 - 313{,}33x$;

Wobei 5775 der (Anfangs)wert im Jahr 2007 und −313,33 die mittlere Änderung pro Jahr von 2007 bis 2010 ist.

c) [36,16 %; 43,97 %]

Mit 95 %-iger Wahrscheinlichkeit verwenden 36,2 % bis 44 % von 600 befragten Österreichern regelmäßig ihr Rad.

d) 2010 mussten 4234 Kinder wegen eines Fahrrad-Unfalls ins Spital eingeliefert werden (d. h. obwohl die Zahl der Kopfverletzungen zurückging, ist die Gesamtzahl der Verletzungen gestiegen).

$P(X = 0) = 0{,}58^5 = 6{,}56\,\%$

916 a) Binomialverteilung liegt vor, wenn jede Person mit 35 %-iger Wahrscheinlichkeit „sehr zufrieden“ ist. Wenn die Stichprobe groß genug ist ($n \geq 40$), kann diese Binomialverteilung gut durch eine Normalverteilung approximiert werden.

b) $P(310 \leq X \leq 400) = 99{,}6\,\%$

$\mu = 350, \quad \sigma = 15{,}08$

Im Mittel sind bei einer Befragung von 1000 Personen 350 „sehr zufrieden“, meistens sind es zwischen 335 und 365 Personen.

c) [34,15 %; 42,01 %]

In 99 % der Fälle wird eine Befragung von 1000 Personen einen Anteil von 34 % bis 42 % von „sehr zufriedenen“ BürgerInnen ergeben. D. h. der Umfang der Umfrage ist zu klein, um eine Änderung der Zufriedenheit durch das Interview zeigen zu können.

d) Wenn die Sicherheit erhöht wird, vergrößert sich das Konfidenzintervall (um das „richtige“ Ergebnis mit höherer Wahrscheinlichkeit zu enthalten), wenn sie verringert wird, verkleinert es sich. Wird der Stichprobenumfang erhöht, so verkleinert sich das Konfidenzintervall (die Schätzung ist genauer).

e) *Anhänger:* Im Mittel ist die Zustimmung deutlich gestiegen.

Gegner: Es gibt zwar ein paar Gemeinden, die der Regierung blind folgen, aber bei den meisten ist die Zustimmung weit unter dem Durchschnitt (Median = 34 %).

f) Die vertikale Achse wurde stark vergrößert und ein Teil sogar ausgelassen.

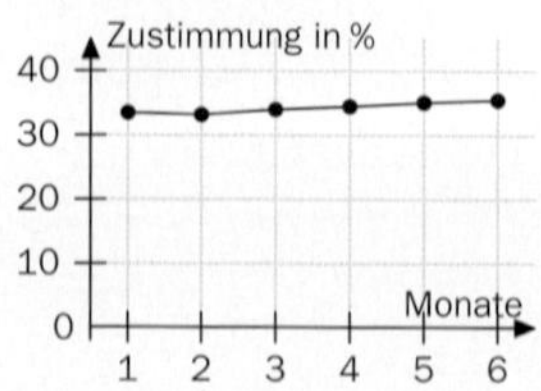

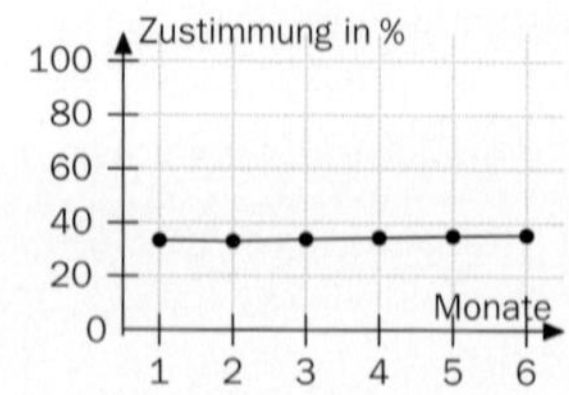

917 a) Unter der Annahme, dass die Wahrscheinlichkeit für gravierende Leseschwierigkeiten bei jedem Kind gleich hoch ist, kann mit Binomialverteilung gearbeitet werden.

$P(X = 3) = 10{,}70\,\%, \quad P(X \geq 2) = 39{,}65\,\%$

b) $P(X \leq 4)$ steht für die Wahrscheinlichkeit, dass von 15 getesteten Kindern höchstens 4 gravierende Leseschwierigkeiten aufweisen.

$P(2 < X < 10)$ steht für die Wahrscheinlichkeit, dass 3 bis 9 Kinder gravierende Leseschwierigkeiten aufweisen. Die Grafik gibt für jedes k die Wahrscheinlichkeit an, dass k Kinder gravierende Leseschwierigkeiten aufweisen, die markierte Fläche steht also für $P(1 \leq X \leq 3)$.

c) Laut Statistik haben $79{,}4\,\% \approx \frac{4}{5}$ bzw. $74{,}8\,\% \approx \frac{3}{4}$ keinen Förderbedarf, umgekehrt bedeutet das, dass ca. jeder 5. bzw. 4. Schüler Leseschwächen aufweist.

intensive Förderung	4. Schulstufe	8. Schulstufe
2010/11	1531 SchülerInnen	1068 SchülerInnen
2011/12	578 SchülerInnen	579 SchülerInnen

d) Ja, bei den überdurchschnittlich guten Schülern sind jeweils mehr Mädchen vertreten, bei den unterdurchschnittlich guten sind es jeweils weniger.

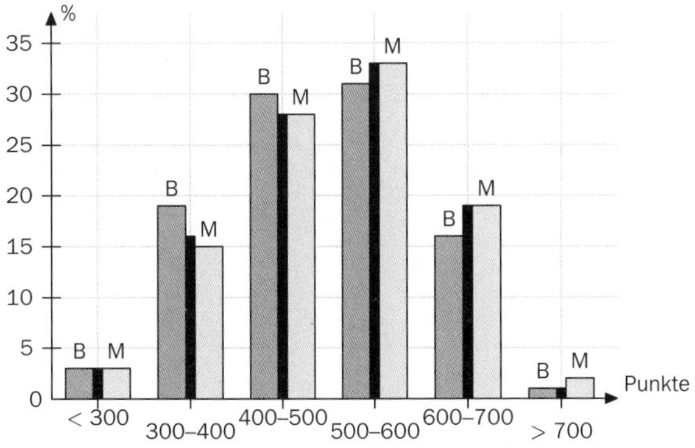